花园色彩

This Book
Belongs to

花园色彩

[英] 安德鲁·劳森 / 著　余传文 / 译

THE GARDENER'S BOOK OF
COLOUR

长江出版传媒
湖北科学技术出版社

图书在版编目（CIP）数据

花园色彩 /（英）安德鲁·劳森著；余传文译 . -- 武汉：湖北科学技术出版社，2021.4

书名原文：THE GARDENER'S BOOK OF COLOUR

ISBN 978-7-5706-1259-8

Ⅰ . ①花… Ⅱ . ①安… ②余… Ⅲ . ①花园 - 观赏园艺 Ⅳ . ① S68

中国版本图书馆 CIP 数据核字 (2021) 第033154号

Originally published in English under the title The Gardenr's Book of Colour in 2015,Published by agreement with Pimpernel Press through the Chinese Connection Agency,a division of The Yao Enterprises,LLC.

本书中文简体版由湖北科学技术出版社独家引进。

未经授权，不得以任何形式复制、转载。

花园色彩

HUAYUAN SECAI

责任编辑：胡　婷　周　婧
美术编辑：胡　博
督　　印：刘春尧

出版发行：湖北科学技术出版社
地　　址：湖北省武汉市雄楚大道268号（湖北出版文化城 B 座13—14楼）
邮　　编：430070
电　　话：027-87679468
网　　址：www.hbstp.com.cn
印　　刷：武汉市金港彩印有限公司
邮　　编：430015
开　　本：787×1092　1/16　15印张
版　　次：2021年4月第1版
印　　次：2021年4月第1次印刷
字　　数：350千字
定　　价：158.00元

前　言

　　"回归自然"是当前园艺界的趋势，这是令人欣喜的变化，尤其在这个全球范围内"自然传统"日益消逝的时代。正因为身边的野生自然面积大幅缩减，园艺师们开始设计一些自然风格的花园。如今，在许多花园里，自然式的草甸取代了传统的修剪草坪。虽然这些花园面积不大，但产生的积极影响可谓不小。

　　当你选择种植一片自然草甸时，就需要仔细考虑如何把握其中的色彩关系。其实自然中早已蕴含着无数色彩组合，或是和谐互补，或是对比强调，这些浑然天成的色彩总能打动我们。随性且怡然的色彩组合往往伴随着自然式的种植，无论是在锦簇的花团里，还是在一片浓淡相宜的绿色背景前，花卉的色彩总在反复出现。从某种角度看来，园艺师的工作并非创造色彩，而是把控色彩，在纷繁的自然色彩中，通过筛选植物种类将色彩加以限定，从而呈现上佳的混合效果。

　　"自然样貌"——这个词代表了21世纪的园艺种植风格，这种风格备受现代园艺界的推崇，究其原因，要感谢全球化趋势的日益加强，使我们在种植时能够使用越来越多的异域植物，它们与本土植物混合，通过随机和重复的展现形式形成自然惬意的观赏效果。植物素材的国际化导致色彩的国际化，越来越多异域的色彩加入本地植物的色彩库，新色与旧色得以在花园里随心所欲地组合，形成"自然样貌"。

　　园艺界一直在探索和营造这种"自然样貌"，现在流行的做法是将一年生草本植物与多年生宿根植物混合播种，虽然这些植物可能来自不同国家、地区，但它们拥有相同的花期，在特定的季节里可以同时绽放，营造出震撼的效果。2012年伦敦奥林匹克公园的花境种植正是运用此方法的佳例。从另一方面讲，这种种植方法也对园艺师把控色彩的能力提出了更高的要求。

　　事实上，无论是否拥护这种自然风格，真正的园艺师都会对色彩斑斓的园艺品种偏爱有加，盖因它们能从自然中脱颖而出。在那些精致的花园里也总能找到正规花境和盆栽植物的一席之地。打造这些种植空间时，搭配植物形成特定的色彩效果是花园营造者必备的技能之一，这也正是本书的价值所在。

关于植物选例的说明

在《单色》一章的植物选例中，除了简要介绍本书图例里的植物外，还列举了每个色彩范围内强烈推荐的植物。虽然这些植物是按色彩条目分类的（红、橙、黄……），但我们需要明白，现实中相近色彩的过渡是连续变化的，并没有精确的区分，而且植物本身的色彩也是复杂多样的。特别是蓝色和紫色的区分尤其困难，有诸多因素会对其产生影响：花朵会随着不同的开放状态改变颜色，不同光照条件下观察到的色彩也会不同。另一方面，彩色照片的出现也带来了特殊的挑战。因为人类眼睛只能感知特定波长范围内的光线，而它与照片底片的感光范围并不完全吻合。举例而言，底片可以接收人类看不到的红外线，所以当一些蓝色花朵反射的红外线被底片捕捉后，它们在照片上呈现的色彩就会比人眼实际观察的更偏粉色。

植物条目中的字母 H 和 S 分别代表了该植物成熟植株的株高和冠幅。其中的冠幅即单一植株的直径，这也是理想状态下两株植株之间最小的种植间距。当然，不同的土壤、气候和种植方式都会影响植物的形貌，使其出现数值上的偏差。

条目中的字母 Z 代表耐寒区，这是一种对植物可耐受最低温度的粗略分级。表1显示了每个级别对应的温度数值。

表1 耐寒区温度范围

摄氏度（℃）	耐寒区	华氏度（℉）
低于 -45	1	低于 -50
-45 ~ -40	2	-50 ~ -40
-40 ~ -34	3	-40 ~ -30
-34 ~ -29	4	-30 ~ -20
-29 ~ -23	5	-20 ~ -10
-23 ~ -18	6	-10 ~ 0
-18 ~ -12	7	0 ~ 10
-12 ~ -7	8	10 ~ 20
-7 ~ -1	9	20 ~ 30
-1 ~ 4	10	30 ~ 40

目　录

色彩的力量

左图：红色和黄色的花朵就像花园里的火焰，散发着"热量"并引人注目。也正因为它们的耀眼、强烈、有侵略性，旁边的花朵都黯然失色，所以最好与冷色系花朵隔开，把这些具有炽烈色彩的植物聚在一起，形成光彩夺目的一片。图中是初夏时节的一处暖色花境：红色花瓣、黄色花心的楼斗菜在前，黄色的树羽扇豆和红色的灌木月季'朦胧少女'在后，更远处的墙上是红色的攀缘月季'御用马车'。这种色彩炽烈的组合适用于相对封闭的小场景。若把这个小场景嵌入更大的园林空间内，会成为全园游览路线上一个激动人心的节点。但如果整个园子都以这样的色彩填充就"过力"了，强烈的色彩效果会令人不安，难以久留。

左页图：在这座英格兰乡村花园中，切尔西花展金奖得主丹·皮尔森（Dan Pearson）仅运用三四种植物的组合将广阔的地面覆盖。占主导地位的是金光菊和卡尔福拂子茅。

色彩是园艺师最有效的武器。它可以吸引目光，也可以阻隔路径；能展现冷静，亦能流露温暖，唤起人们许多情绪。通过颜色我们可以很好地把控花园空间的感受。了解色彩的力量并利用它，花园呈现的风格会明显地带有你自己的标签，同时你会发现设计色彩的工作像编排音乐一样：让某些区域呈现"平静"，某些区域呈现"兴奋"，如果你愿意，甚至还能呈现"震惊"。

自然界中的色彩有成千上万，而我们眼睛里的视觉细胞辨别它们只依据以下5种信号：红、黄、蓝、明、暗。视神经把这些信号传输给大脑，再由大脑把这些信号组合成图像，形成我们看到的画面。尽管人们已知颜色从物理学的角度可以被解释为不同波长的反射光，生理学家也探明人类之所以能够看到颜色是因为视觉细胞对这些光波产生了反应，但是究竟大脑是如何把这些原始信号转变为多彩图像的，我们依然知之甚少。

但可以肯定的是，当我们感知一种色彩时，记忆和象征扮演了非常重要的角色。某些颜色会让花园形成特定的氛围并产生引申意义。比如在英语中我们说"see red"（看见红色），实际上在表达"我很愤怒"，而"feel blue"（感觉蓝色）形容的是"沮丧"的感觉，"绿色"则通常常用于对生态环境的描述——追根溯源都是基于我们的原始本能。在花园里，你会发现红色能产生鼓动的效果；蓝色带来的是沉静和一丝梦幻；绿色会让我们联想到自然乡野，令人感到舒适；黄色能让人振奋，因为它让我们想到了太阳……在本书《单色》

一章里，我会详述这些色彩的"性格"，以及它们是如何给花园带来戏剧般效果的。

人们常会把色彩与熟悉的事物联系起来。比如红色、橙色和黄色让我们下意识地联想到"火焰"和"热量"，因此它们被称为"暖色"，而且你看到它们时真的能感受到暖意。室内的墙壁涂成红色或深黄色后，房间会显得更暖和，在花园里种植暖色的植物也能带来类似的效果。相反，蓝色和蓝紫色会让人们联想到天空、海洋和远山，我们称之为"冷色"，拥有这种色调的水和夜空会带来些许凉意，花园里的冷色会带来沉静的氛围。

色彩的"温度"对园艺师非常重要。在一组色彩中，最"热"的颜色会跳到前面并支配周边其他色彩——因为眼睛产生了错觉：当颜色并排而立时，暖色看上去离我们更近，冷色显得更远，体量上也显得比实际要小。我们可以利用冷暖色大做文章，使空间感知的边界成倍地拓展。比如在花园近端种植暖色系的花，远端种植冷色系的花，这样看上去花园的进深会比实际距离长出很多。

在整座花园里发挥重要作用的往往不是某种单一色彩，而是不同色彩组合在一起的效果。每种色彩都会受到周边其他色彩的影响，我们须格外关注它们之间形成的色彩关系。广义上这些色彩关系可分成2种：相似的色彩凑在一起呈现出的和谐关系和差别较大的色彩凑在一起呈现出的对比关系。这两种色彩关系给人带来的心理感受截然不同：和谐关系使人宽慰，对比关系令人激动。关于色彩组合的基础知识将在"和谐色搭配"和"对比色搭配"两章中详述。

右图：当蓝色成为场景的主导色时，我们会下意识地联想到清凉的水和遥远的山。与炽烈色彩相反，蓝色系色彩呈现的是沉静、平和的情绪，适合静养休憩，正如图中的翠雀和草地老鹳草'克拉克夫人'呈现的色彩。蓝紫色的荆芥（俗名"猫薄荷"）'六巨山'中混种着粉色的月季，画面前方的是'紫蓝花'和'雷内·维多利亚'，右边是'博雷佩尔司令'，长在方尖塔支架上高高探出头来的是'威廉·罗伯'，覆盖在挡土墙上的是粉色的老鹳草和石竹。这些植物的粉色花朵中都带有些许蓝色成分，在夏日午后斜阳下，绿色叶片看起来也泛着冷静的蓝色调。这些色彩组合在一起，呈现出惬意、平静的效果。

左图：用色彩制造错觉使空间看起来更大，带来令人惊喜的效果。图中血红色的鬼罂粟像旗帜一般吸引眼球，占据在非常靠前的位置。在它后面，翠雀和猫薄荷呈现的蓝色如一团缥缈的光雾，远远地与前方的红色拉开距离。这个例子展示了如何制造错觉——置暖色于前，令冷色撤后，花园进深看起来远超实际距离。要是想让原本狭长的花园显得宽阔一些，可以把蓝色的花沿着两侧边界种植，与图中的用法有异曲同工之妙，并且，打破直线型的种植走向可以消除透视感。

　　与家居装饰一样，人们看待花园色彩时往往带有很强烈的个人喜好。因为成长环境和文化背景不同，我们对颜色的理解也不尽相同。环肥燕瘦，每个人对颜色的品位都不一样，并没有绝对的对或错——某人觉得微妙的色差在另一人看来或许无甚差异；当你为一组明艳的色彩兴奋雀跃时，你的邻居或许视之伧俗不堪。真正起决定性的是你自己的心意和喜好，一切案例和指导仅是在完善、补充你自己的理解。

　　无论是亲身游历，还是浏览书籍、杂志，你曾欣赏过的花园势必会对你今后的色彩选择产生影响，带给你许多全新的思路。你可以从中提炼出许多有用的信息，还可以把视野扩展到园艺领域之外，在绘画、布艺和服装设计等领域触类旁通。实际上，纵观园艺本身的历史，色彩的潮流也一直在变化。英国维多利亚时期的人们喜欢在花园里呈现奢华的色彩并伴之以强烈的形式感，到了20世纪初期，格特鲁德·吉基尔（Gertrude Jekyll）的作品开启了人们对朴素色彩的追求，大众接受了这种风格，且这种风格在维塔·萨克维尔－韦斯特（Vita Sackville-West）于西辛赫斯特（Sissinghurst）城堡内设计的白色花园中表现得淋漓尽致。今天我们追求的花园艺术感是依靠富有野趣的宿根花卉和观赏草实现的，它们狂放又丰富的色彩能够淋漓尽致地展现自然的样貌。这些历史上出现过的潮流虽然风格各殊，但都能为你塑造自己的色彩喜好提供有用的素材。

　　不论你更倾向于自己创造还是借鉴案例，了解色彩并弄清楚它们如何发挥作用，都是很有必要的，它能提升你对色彩的感知力并指导你进行创作实践。但也别被束缚住了，色彩的应用

右图：为了搭配建筑原本的颜色，园艺师精心设计了这里植物的色彩。挨着红砖墙布置一株开深粉色花的日本山杜鹃，鲜鲑鱼肉般的花色与砖墙相得益彰。下层的荚果蕨也非常妙，它新绿色的叶片与杜鹃刚萌发的新叶上下呼应，又与花朵颜色产生对比。

本没有严格的限制，你也不必墨守成规。学习色彩使用的唯一原则就是你真的喜欢并愿意遵循，有时候忽略一切指导也不见得是坏事。一些极具开创精神的大师就是在放下了所有前人经验后，开始了对花园色彩的探索。在《混合色搭配》一章中，我们会看到一些大胆的种植设计，并分析它们是如何超越惯例取得成功的。

在你确定色彩方案前，一定要看看是否存在相应的植物能够实现想象的色彩组合，而且它们要的确适合在你的花园中生长。想要愿景成真，须仰赖实际的园艺工作使植物得以良好生长。选择植物前先确保你的花园能够满足这些植物的种种需求：全光照还是荫蔽，酸性土还是碱性土，排水良好还是积水……温度往往是最大的限制条件，可提前了解花园所在地区的冬季最低温并检查一下想要种的植物能否安全过冬。总而言之，对气候和光照要格外关注，例如在热带地区强烈的光线下，色彩艳丽明快的植物就很受欢迎，淡雅的色彩在这种光照下显得苍白无力，但在光线柔和的温带就能展现其精妙的美感。

另一个会对植物色彩选择产生影响的因素是花园的周边环境。首先，看看你的房屋外层是哪种建筑材料，围墙、栅栏、小路这些硬质景观又是哪些材料。这些业已存在的构筑物本身既有颜色，亦有对与之相配的植物的色彩需求，例如在红砖房屋前，朱红色、土红色和绿色的植物组合就很适宜。花园里的每个构筑物——大到走廊、凉亭、栅栏、棚屋，小到座椅，它们表皮上涂刷的油漆或锈蚀都是花园色彩体系的一部分，需要认真对待。白色是很好的选择，但白色的空旷感和明亮的反射有时也会遮蔽旁边的色彩。蓝绿色、绿色和灰色被公认为是非常适用花园家具的颜色，当然也可以大胆尝试一些与植物产生对比的色彩，比如亮蓝色或锈红色。

花园若处在城市之中，需要留心观察周边建筑的颜色、邻居院子里的树木等信息，因为它们会影响到你的色彩选择。如果花园位于乡村地带，那么可以尝试将原野的颜色纳入花园的色彩体系内，这样能让视线很容易地在花园和外部之间自然转换，使花园看起来与周边环境和谐一致、相辅相成。

对园艺师而言，最大的挑战莫过于如何让花园的色彩在一年四季里都保持鲜活生动。根据花园面积大小，大致有2种策略。

如果场地足够宽裕，那么可以分出多个区块彼此隔开，每个区块用于展示特定时节的植物季相。同一区块内的植物在相同时间达到最佳观赏期，呈现精彩的色彩碰撞。单个区块的观赏期或许并不长久，但是组合在一起就能把全年时间衔接：这一块的色彩式微了，另一块紧跟着勃发起来。每个季节里都至少有一块色彩斑斓的区域。在这种策略下，你可以在空间上把花园分为"冬赏园"和"春赏园"，再把从夏到秋的时间分割成若干片段，用具体的小花境一一对应。每个小花境里面选用在既定时间段盛开的植物，让精彩此起彼伏。

如果花园面积不大，又想拥有全年连续的植物色彩，那么第二种策略就能派上用场了。因为空间小，所以不可能像第一种策略那样让花园的某部分闲置太久，而是需要让整个花园在全年都保持活跃的状态。方法就是选择合适的植物，把它们种在一起，相互映衬下依次在不同的时节里绽放，就像第13页两张照片展示的那样。巧妙地混合使用灌木、球根花卉、多年生宿根和一年生草本植物，组合而成的花境可以在极长的观赏期内持续展现美丽。由球根花卉拉开序幕——乌头、雪花莲、番红花最早绽放，出现在冬季枝干光秃的灌木下方。紧接着，洋水仙和郁金香也相继盛开。当春天的球根花卉渐渐消逝，草本植物迅速占据它们腾出来的位置。随着夏天的深入，再用一年生花卉或盆栽花卉填补花境里所有空隙。为了把控它们展现出的色彩，可以让每个时段呈现特定的色系——可以全部是白色，也可以是复杂的混合色彩。通过选择和规划，在每个季节里着重展现该色系的植物。这是一项相当耗费精力的工作，一种植物的花期刚过，就必须及时将它修剪掉，从而为后来者腾出生长空间，如此蝉联往复、周而复始。虽然辛苦，却能让我们于弹丸之地尽可能长久地欣赏到所期望的色彩，也很值得。

营造全年的花园色彩不必只依靠花，植物叶片能够提供更持久的颜色，并随着季节更替产生令人欣喜的变化。在冬天的花园里，除了常绿植物的叶片外，带有颜色的树干、枝条、枝头挂存的果实、残留的花头，甚至苔藓和水藻，都是萧条时节里珍贵的色彩元素。

园艺是与自然的协作，无论我们的经验已经多么丰富，自然总会时不时地跟我们开些玩笑，比如在某一个地区可以同时开花的植物组合，种在另一个地区花期就错开了。在同一片土地上，花期的交替有时也会反复无常、意外频出。对此，我们不妨保持开放的心态，不论设计已经多么完美、精妙，总在心里空出一隅，用以迎接那些不期而遇的美丽，虽然不在我们的掌控之中，但在意料之外或许能收获一份更美的结果。

上左图：在笔者的花园里有这么一处小空间，随着季节变化色彩交替呈现。总的说来，这处花境展示的是"蓝色、紫色和紫红色"与"黄色和柠檬色"的对比关系。春天，盛开着深紫色花朵的郁金香'夜皇后'、淡紫色的观赏葱和蓝色飞沫般的勿忘我，对应着金焰绣线菊和金叶山梅花。

上右图：仅仅几周过后，多年生宿根植物站上舞台，有老鹳草、牛舌草、西伯利亚鸢尾，还有稍晚萌发的细茎葱'紫色动感'。它们的出现加强了蓝紫色，与此同时也有更多的黄色萌生，金叶粟草的花朵和小乔木金叶洋槐的叶片粉墨登场。

了解色彩

红色对于任何颜色而言都是一股冲击力量，尤其是与绿色相遇时，这股冲击力会格外强烈。图中雄黄兰的红色花序从同为红色的秋花堆心菊头顶上越过，在它们的背后，亮绿色的叶片构成背景，与红色花朵一起制造出激烈紧张的氛围。

色轮

　　自然界已有一套色彩排列的方式，那就是光谱，如同我们在彩虹中看到的一般。根据科学解释，色彩在本质上是不同波长的光波，所以，根据波长的长短顺序，光谱上颜色的排序是固定不变的。当我们把线性的光谱弯折成一个圆环时，色轮就产生了（如第17页所示）。这是一个简单却非常实用的工具，能帮助我们把握花园中的基本色彩关系。

　　首先是三原色——红色、蓝色、黄色，它们是构建所有色彩的"原料"。因为人类视网膜上只有3种可以感知色彩的细胞（科学上称为"视锥细胞"），每种细胞对应一个原色，也就是说，能被我们的眼睛接收到的，只有红、黄、蓝三种颜色的信号。我们看到的绿色、橙色和紫色，实际上是由原色两两混合而成的，称为"间色"。每种间色在色轮上位于组成它的两种原色之间。比如，绿色是由视锥细胞接收到的黄色和蓝色信号混合而成的，所以在色轮上绿色位于黄色和蓝色之间。三原色加上三间色就是我们在彩虹中看到的6种主要颜色，它们按照红、橙、黄、绿、蓝、紫的顺序排列，彼此间又包含着无穷的梯度变化。可能大家会发现，黑、白、灰还有更加复杂的混合色（例如粉色、棕色）并没有出现在这个色轮里。那是因为，一方面，黑、白、灰是"惰性"色彩，在这个基本色的色轮中无法与其他颜色发生"反应"；另一方面，粉、棕等含有明度因素的色彩需要在更为复杂的体系模型中定位（比如色立体）。虽然如此，当处理这类复杂色彩时色轮依然是有用的，我们能用它概括复杂色彩的基本组成并粗略定位。比方说，粉色可以归为冷淡的红色，或暗哑的紫色。

　　"和谐"与"对比"是我们在设计花园色彩时最重要的2种手段，运用色轮可以将其直观地呈现出来。所谓"和谐色"，就是色轮上相邻或相近的色彩，比如红色、橙色和黄色，它们放在一起能产生和谐的整体感。而在色轮上分处对侧的色彩，放在一起时则会产生对比的效果，尤其是那些刚好相对的颜色——红与绿，蓝与橙，黄与紫——对比效果格外强烈，我们称这样的一对颜色为"互补色"。

　　如字面所释，互补色中的一方所有恰为另一方所缺，呈现既对立又互补的哲学关系。盯着一片鲜红色区域半分钟，然后立刻把视线转移到一张白纸上，你会看到一个绿色的幻象。这是因为盯着红色看的时候，眼睛里接受红色光信息的视锥细胞处于活跃状态，但时间一长它们开始疲劳，感光能力随之下降。这时再看白纸，白色光的刺激本应使所有三种视锥细胞同样活跃，但此时红色光视锥细胞已经筋疲力尽，传给大脑的红色信号大幅减损，于是大脑错译了，合成出互补的信号——绿色的幻象就这样在白纸上生成了。

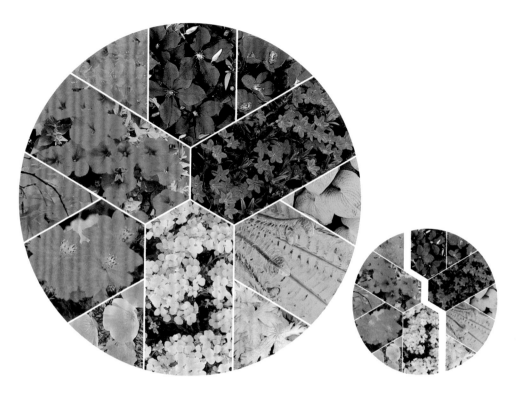

上左图：色轮是由光谱弯折而成的圆环。在上图这个色轮中，最大的3个条幅即三原色——红、黄、蓝，它们是色彩系统的基石。3个较小的条幅代表三间色——绿、橙、紫。此外还有6个更小的楔形块，它们代表了第三级色（也称复色），以呈现原色和间色之间色相的过渡。在这个色轮中，每个色块都用真实植物素材进行表达，这样一来我们就能直观地检索到自己的花园里是否已经有这种色彩的植物了。色轮是所有色彩关系的总和，但在实际应用中并不推荐"全部呈现，一个不落"的配色策略。在本书后面的章节里，我们会看到如何利用色轮，有节制地为花园设计色彩效果。

上右图：将色轮一分为二以呈现暖色系和冷色系。暖色系以红色和橙色为核心，而冷色系的核心是蓝色。黄绿色和洋红色处在切分的边缘部位，冷暖模糊，要根据周边实际环境来判断。

互补色间形成幻象的原理对花园色彩感知有很大的借鉴意义。因为在花园中我们的眼睛总是被刚刚看到的色相影响。试想事情按照以下顺序发生：你先看见一朵蓝色的花，眼睛里的蓝色光视锥细胞被刺激，兴奋活跃后开始疲劳，然后马上又看到一片橙色，此时的眼睛已经由于"蓝色疲劳"而产生了互补色——橙色的幻象，所以眼前看到的橙色被加强了。换言之，是蓝色让橙色显得更加"橙"。眼睛就这样被一种颜色"引诱"着，在所见的下一个物象中带有它互补色的色调。这也意味着，我们眼中这两种颜色的对比效果，其实已被大脑轻微地夸大了。将互补色放在一起，彼此令对方的色相更加明显，这种效果被称为"共时对比"。我们已经知道任何色彩都会诱使眼睛产生互补色调的幻象，所以，在共时对比中眼睛同时看到对立的双方，幻象与真实相叠加使色彩效果异常突出。相同的原理也可以用于设计更加微妙的色彩关系，并能解释为什么轻微的色相差异能给人带来强烈的愉悦感。试将蓝绿色叶玉簪种在纯绿色叶玉簪旁边，前者的蓝色调使后者的绿色看起来略带橙黄色。相对地，黄色叶玉簪则会让相邻的绿色叶片平添一丝蓝紫色的调性。

色轮还展示了另一种色彩分类方法：我们将其大致分为2个半圆，有红色、橙色所在的一半称为暖色系，包含着蓝色、紫色的另一半称为冷色系。由于在色轮上恰好180度相对，每一组互补色，如蓝色和橙色，都是一冷一暖的组合。这种"冷–暖"关系在非互补色的对比组合中也普遍存在。相反，在和谐组合中色温是大致相同的。在某些搭配里（例如粉色和浅橙色），看上去近似的色彩却有着不同的色温，它们"伪装"着表面的和谐，实际上却给人对比的感受。

饱和度

饱和度显示了色彩的强度。"饱和"指的是这种色彩处在纯正的状态，色彩强度大。相对地，"不饱和"的色彩强度小，它们不是被白色"稀释"了，就是被黑色"蒙暗"了。

第19页展示了红色的9种不同的饱和度状态。处于最中间的六倍利饱和度最高，红色的强度也是最大的。图6芍药花瓣的粉色可以看作是被白色冲淡了的红色。相同的原理，加入黑色和其他色彩也会"弄脏"纯色，使饱和度下降。图1鸡爪槭'深红细叶'的叶片颜色就因蓝色调的加入而常被误认为是紫色，实际上它仍是红色，只是饱和度低，故显暗哑。图2的铁线莲呈现出不明亮的绯红色，虽然与鸡爪槭相比色彩清澈许多，但也因饱和度低而缺乏强度。

光线可以影响色彩的饱和度。图4里，明亮的阳光把巧克力波斯菊的红色展露无遗，而在较弱的光线下，这份红色就会发暗。图7红瑞木色彩也不饱和，因为太过强烈的阳光"过度曝光"（由于光圈过大、快门过慢等原因造成的画面中亮度过高、照片泛白现象）了它原本的红色，同时还产生了阴影，阴影下的红色也不再纯粹。相同的原理作用在图8的重瓣罂粟上，它光滑的花瓣容易形成反射，过曝的反射光令色彩强度下降。

此外，花朵其他部分的色彩，或者叶片的异色斑纹，也会降低总体色彩饱和度。在图2铁线莲的例子中，淡色的花心让不明亮的绯红色看起来更加柔和。图3的风铃草'伊莎贝拉'似乎更接近粉色，因为红色被花朵的白色边缘"修饰"了。通常情况下，花蕊的颜色总是与花瓣相异，或更深，或更浅，它们的存在往往会影响花朵整体的色彩强度。图6芍药花的浅色花蕊就令原是粉色的花瓣显得更淡，红色的饱和度进一步降低。当然，花蕊的影响效果取决于观察距离的远近，离得太远就不明显了。

图1~3：这三种红色都带有蓝色调，呈现不同程度的"不饱和"状态。尽管鸡爪槭的色彩如此深暗，风铃草的色彩如此浅柔，但它们都属于红色色相。图1至图3依次为：鸡爪槭'深红细叶'、铁线莲'典雅紫'、风铃草'伊莎贝拉'。

图4~6：中间的六倍利所呈现的红色是最纯正、饱和度最高的。在它两侧，波斯菊和芍药的饱和度就没有那么高了。波斯菊的红色里带有黑色，芍药则带有白色。图4至图6依次为：巧克力波斯菊、宿根六倍利、芍药'路易·亨利夫人'。

图7~9：这一组的3种红色都带有黄色调。红瑞木和东方罂粟本身的红就不太纯正，过曝的阳光又带来了黄色，使红色相的饱和度进一步降低。在一品红变种的例子中我们可以看到，虽然加入了更多的黄色，在组合出的新色彩中仍然可以辨别出红色的印记，只是我们不再把这种色彩称为"红色"了。图7至图9依次为：西伯利亚红瑞木、东方罂粟'五月皇后'、一品红变种'一品粉'。

对园艺师而言，饱和度是规划花园色彩时必须仔细考虑的因素。通常情况下，饱和度高的色彩会从饱和度低的色彩中脱颖而出。尤其是高饱和度的红色、橙色和黄色，它们在花园中会特别引人注目。相反，饱和度低的色彩容易消隐于背景中，当含有蓝色调时尤甚。如果我们想在花园中创造一种和谐的氛围，可以用同属一种色相但饱和度不同的色彩来营造——例如从最浅的粉白色到最深的绯红色，都是红色相的不同饱和度的呈现。但如果要表现不同色相的冲击，最好让它们的饱和度大致相同——选择均为不饱和的轻柔色彩以表现宁静致远的氛围；或都选择高饱和度的浓烈颜色以塑造壮怀激烈的效果。

明暗度

明暗度是用来表现色彩明亮程度的指标。每种色彩都有固定的明暗调性，比如紫色是暗调，黄色是明调。色彩的明暗度差异可以在黑白照片中完美体现。明暗度的感知源于我们视网膜上另一种感光细胞——视杆细胞。与视锥细胞不同，视杆细胞感知的不是颜色而是明与暗的信号。在弱光条件下视杆细胞要比视锥细胞更活跃，这也是为什么在光线微弱的晨昏时分我们已经分不出颜色但仍能辨得明暗的原因。

明暗度差异在规划花园色彩的过程中是很重要的。在一些种植搭配中，明暗对比要比色相对比的影响更大。当我们把深紫色和浅黄色的花种在一起时，人们最先感受到的是2种颜色一明一暗的差异，尽管在色相上紫和黄是互补色关系。

下图： 在这处精彩的种植设计中，明暗对比使花朵和枝叶的形状突出。黑白照片表现得很清晰：塔形的金叶女贞和前方的花叶玉簪色调明亮，在深暗的枝叶背景中脱颖而出。除此之外，蠹吾'火箭'的黄色尖顶，白花老鹳草的白花，角堇的白色花瓣，以及香叶蓍的浅色花头也都能在黑白照片中清晰地显示出来。与之相反的是花葱、风铃草和飞燕草的花。它们是蓝色调的，因为与绿色背景的明暗差异不大，在黑白照片里几乎辨别不出来。

右图：此处的花境展示了高饱和红色的震撼效果，深红色的一串红'火焰''红夫人'，绯红色的假面花和橙红色的雄黄兰'路西法'与绿色的叶片形成鲜明对比。但在黑白照片中，红与绿都化作一片混沌的灰色，这表明它们有着相似的明暗度。尽管我们不必刻意为色盲患者考虑，但在花园色彩里加入一些明度变化总是值得的，比如浅色、深色或深浅色相间的叶片。明暗的对比可以为花园增添一层微妙的意趣，而且当色彩随着花朵的凋谢而消失后，叶片的这份明暗趣味还能持续很久。

如果想突出色相的对比，那么将这两种颜色的明暗度维持在相近的水平上，会让对比效果最强烈。就像上图所示，场景里的红与绿作为一对互补色相，在彩色照片里对比鲜明，但黑白照片显示出它们的明暗度几乎没有差异。而当色相差距不大的颜色相遇时，最好加剧它们的明暗差异使彼此突出，就像第20页搭配里的黄色与绿色。在使用这两种方法前，我们可以在弱光环境里观测候选的植物——把它们一起摆在阴影处或夜色中观察——对比它们的明暗差异。顺便说一个好用的小技巧：在荫蔽环境里使用带斑纹的植物品种，即便光线微弱得令颜色不易辨别，斑纹带来的明暗差仍可以被眼睛捕捉到，从而创造视觉趣味。

黑色与白色是明暗度的两个极端。尽管自然界里并不存在纯黑色的花朵、叶片，但仍有很多近似黑色的植物可以在花园里应用。极端的明暗差异能创造戏剧化的效果。试想在深绿色的绿篱前种下一片浅色花朵组成的花境，背景的"暗"衬得花朵更加明亮，而花朵的"明"也使绿篱愈发幽深。这种明暗差异在强烈光照下会愈发突出，绿篱背景暗得似乎要退到阴影里了，而花朵明亮得化作一片片光斑，看起来如同飘浮在眼前，把背景远远甩在身后。

白色作为园艺师调色盘里最明亮的色彩，与几乎所有植物都能产生明暗对比（除了那些颜色非常浅的花朵之外）。运用白色时要格外谨慎，尤其是那些厚重的白色花朵和叶片，因为它们会带来太过强烈的明暗差异，过犹不及——我们的眼睛会本能地被最明亮的色彩吸引，所以太多太浓的白色会抢尽其他色彩的风头，使柔和精妙的色彩黯然。

光照的影响

　　了解自然光线在每天不同时刻里如何变化、在不同季节间如何变化，以及在不同气候环境下的差异，能让花园色彩发挥最大的效力。法国印象派画家莫奈画过一片夕阳下的花境，原型是他位于吉维尼（Giverny，法国诺曼底典型的乡村）的花园的西侧边界（今天仍留存在那里）。在这片花境中，占主导地位的是橙色和黄色的花朵，例如向日葵、肿柄菊和万寿菊。莫奈在画作里展示了夕阳温暖的橙色光如何"点燃"同是橙黄色调的花境，使之如余烬般闪闪发光。如果你能仔细观察花园里的阳光在一天里如何变化，就可以顺势而为规划植物的色彩，巧妙地攫取变幻光色里最动人的瞬间。

　　日出和日落时，太阳位于天空中的最低点，此时太阳光以倾斜的角度穿过地球大气层，由于大气中漂浮颗粒的干扰而形成散射。其中波长越短的光（蓝紫色光）受到的干扰越大，波长越长的光（红橙色光）受到的干扰越小。在这种作用下，光的整体强度减弱，又因红橙色光的透过率最大，所以我们在日出、日落时看到的天空是红橙色的，此刻的花园也沐浴在一片红橙色的柔光里。本身为红色、橙色和黄色的暖色系花朵能在这样的光线下熠熠生辉。而蓝色、绿色和紫色的植物在此刻变得暗淡，因为这时的太阳光线里没有多少蓝紫色光可供反射。除了花朵和叶片外，我们还可以利用雕塑、上漆的构筑物、带有颜色的植物枝干等，来承应每天最初和最后一缕红橙色微光，让它们被"点亮"。还可以巧用影子：夏日的清晨、黄昏时分，还有冬天和初春的大部分白天时间里，太阳照射角度低，影子被拉长，呈现出极富戏剧性的效果。

　　中午，太阳高悬在天顶，阳光以垂直的角度射入大气层，受到很少干扰，射在地面上的光即它的本色：黄白色。而我们的蓝色天空（由于蓝紫色光的散射而呈现蓝色调）此时如同影棚里用的补光幕布，对阳光进行着反射，蓝色的补偿效果使此时的天光接近白色。而在太阳无法直射的地方，也就是阴影里，天空的蓝紫色散射成为主导，这也是为什么我们在晴天看到的阴影都带有蓝色调的原因。在中午时分的阴影里效果最好的莫过于蓝色和紫色的植物，在发蓝的影子里它们的色相得到突出加强，白色植物表现也不错，它们在午间的阴影里会染上淡蓝色的光彩。

　　待到日落之后，橙红色的柔光渐渐消退，天空又重现深蓝色。我们眼睛里的蓝色光视锥细胞在弱光环境下比其他两种视锥细胞更活跃，这一特性使得在夜幕初降的这段时间里，当红色、橙色都已昏暗不清时眼睛仍然能辨得蓝色的信号，同样可以辨识的还有白色。于是我们可以巧借这一原理，在漫长夏夜闲坐乘凉的花园一隅种下蓝色和白色的花朵。它们会在夜色里给你带来惊喜。

　　花园所在地的纬度和气候特征决定了光照强度，进而影响花园色彩的选择。阴天里阳光多为散射光，阴影柔和，我们能看清更为细腻精妙的色彩变化。这也能解释为何高纬度地区的人们更加喜爱素雅和谐的花园色彩——因为这些地区的光照强度低，且常为多云天气，柔和浅淡的颜色在此环境下效果较好。而纬度较低的地区靠近赤道，强烈的阳光制造了明黄色光亮与蓝黑色阴影间的强烈对比。朴素色彩在这样强烈的明暗对比中力有未逮，效果大打折扣。力度更强的色彩在这种气候环境里效果更好，浓烈饱和的色调可以创造鲜明的对比。

上图：夏日破晓时分的斜阳长影，初升的太阳点亮空间并制造出柔和的阴影。图中是英国多塞特郡 Sticky Wicket 花园的一处场景，宿根百里香与一年生芒颖大麦草伴生在一起。

下左图：秋日的毛黄栌'优雅'的紫色叶片在逆光照耀下变成半透明的橙黄色，闪闪发光。

下右图：薄雾里的散射光模糊了色彩间的差异，各种颜色在一片温柔和煦的光雾里融为一体。

  光线在不同季节间的变化也会影响花园色彩的选择。春天的阳光柔和、轻淡、明亮，为了烘托这种清新干净的氛围，尽量避免太过花哨浓媚的色彩。夏天，最适合欣赏色彩的时间是一天的清晨和傍晚，而在中午，似火的骄阳制造了强烈的阴影，这些影子散布在花园里，把颜色间的色彩关系分割得支离破碎、不易辨别。到了秋天，太阳回落到较低的位置，光线重新变得柔和温顺，特别是在秋天的雾气里，散射成一片迷人的朦胧。冬天的阳光把影子拉到最长，制造出戏剧般的光影效果。光线打在树木光秃的枝丫上，突显了花园结构。雪地上、黑土上，尽是它们的剪影。

  在四季分明的地区，除了气候和光线，大地的色调也在四季间变化，展现着明显的季相。在早春、深秋，还有冬天里，花园的色彩最不易把控。因为在这些季节里没有多少植物可用，素材捉襟见肘。这时就要学会灵活变通，顺应当季大地固有的色调。春天的花园趋向于呈现鲜嫩的黄色和明净的蓝

紫色，新生的叶片里黄色的成分也比绿色更多。当夏日的绿意消退，秋天的色彩重新被大地色调支配，一些植物的叶片和果实会自然地变化成红色和金黄色。如果你的花园在其他时节里没有呈现如此热情洋溢的暖色调，那么在这个特殊的季节里就让自然做主，为花园带来些不一样的感觉吧。冬天的自然主导色是棕色、卡其色（枯萎的宿根植物）和深绿色（常绿植物的叶子），但其实，在冬天的花园里加入任何色彩都是大受欢迎的，即使与固有色彩结构不同也无碍，因为它们能一扫笼罩在湿冷大地上的沉闷氛围，让园丁们畅想来年的色彩斑斓。

色彩分布

在确立色彩结构之后，选定植物之前，还有一件重要的事情：仔细思考由不同形状的植物组合出来的整体形态应是怎样的。还有通过何种方式把它们组合起来，使色彩的效果达到最佳。

单一颜色的铺陈会丧失应有的欣喜感，使花园无趣至极。太过随性的色彩混杂又会使人眼花缭乱、心绪不宁。如果整个场景都以相同形状、相同大小的色块组成，花园将沦为单调乏味的噩梦。所以，我们要仔细思考不同种植形式带来的不同色彩分布，是块状，还是带状？是点状分散，还是汇聚成团？同时还要考虑所种植物的形状和大小。

你的选择要立足于实际情况：种植面积的大或小，主要观赏点的远或近，既定色彩结构的简单或复杂。花园越大，色彩分布的规模就应越广阔。观赏点越近，色彩分布就应越精致复杂。如果以团簇形式种植，每个组团对应着一种色彩，视觉效果清晰可辨；如果以混合形式种植，色彩也将呈点状分布，近处看来星点斑斓，远看所有色彩都融在一起，不易分辨。

若你选择用同种植物组合成团块的方式来表现色彩，可以试试吉基尔创造的这种形式：拉长植物组块的形状，每种色彩如"流带状"彼此衔接，以取代一个个圆形的敦实色块，这样一来，毗邻的色彩相互锁定并紧密连接，流线型的边界生动不僵硬。这种方法带来的另一个好处是：当其中一种植物凋零或被修剪后，相邻"流带"的植物会迅速占据它空出来的位置，不会留下难看的空隙。

　　在具体的植物安排上，更建议用有限种类的植物，巧妙布局使之反复出现，而不是一味追求品种的多样和过度的变化。只要规避了"对称"和"规整"的形式，色彩的重复出现能建立起一种精妙的韵律感，如同音符呈现在眼前。而且，让同种植物组团以不同大小和形状的体块反复出现，更接近它们在野生环境中的繁播形态，从而引发自然的共鸣。

　　另有一种完全不同的色彩分布手法：把单株植物置于与它颜色迥异的另一种植物组团中。例如春天里一棵黄色洋水仙置身于一片蓝色的匍匐木紫草中央。黄色的灵犀一点打破了蓝色的单调，又

下图：这两处花境出自同一位园艺师之手，却采用了迥然的色彩分布手法。在左边的例子中，植物以很小的单位分散种植，红紫色调的委陵菜、马鞭草与浅色的美国石竹、白色的蓍草混在一起，红色的钓钟柳也是散布在花丛中，所有颜色都以斑点状呈现。近距离欣赏时，星星点点的色彩宛如后印象派的画作，但从远处看，这些颜色就会"糊"在一起，辨不明晰。右边的例子则大相径庭。

红色钓钟柳在这里成团种植，还有成簇种在一起的剪秋罗，粉色和白色各自成块，位于同样成簇的灌木月季下面，月季花拥在一起，聚集成粉色和淡紫色的色块。这样一种以"块"而不是"点"为单位的色彩分布方式更适合远观。即使在很远的距离，每种颜色仍然清晰可辨。

衬托得蓝色更加纯粹。另一个例子，在夏天乏味的绿色中滴入几滴"亮色"（比如委陵菜或水杨梅），它们分散而鲜艳的小花能立刻给沉闷注入生机。

对植物形态的合理安排有助于我们更好地欣赏它们的色彩。无论是在较大范围使用乔木和灌木，还是在较小范围使用攀缘植物和宿根花卉，每棵植株的整体形态和外形轮廓都应被充分重视（就像我们重视花朵和叶片一样）。因为正是它们勾勒了色彩的边界，也决定了相邻色彩将以何种形态连接在一起。有些时候，同一种色彩出现在不同的形态上将产生相当有趣的视觉效果。试想一株挺立的紫色毛地黄，紧挨着同是紫色但成团状的美国薄荷，两个截然不同的植株形态会让色彩的表达耳目一新。在下图中的花境里亦能看到黄色的多种表现形式：金雀花的星爆状、羽扇豆的长钉状、蓍草的盘状——形态的参差多变让色彩也生动起来。特别是在单色的结构里，植物形态和肌理的多样性尤为重要。

色彩的疏密、形态和肌理

　　每种植物都在用自己独特的状貌塑造色彩的形态。园艺师的工作里颇具挑战的一环，便是在纷繁的植物素材中巧妙地平衡色彩的疏密、形状和肌理，使整个体系均衡怡人。植物素材的参差多态使它们所呈现的色彩形式也千差万别：满天星微小而巨量的花朵使它的色彩看起来如一片弥漫的尘雾，与之相反，杜鹃颇具实感的花朵令色彩仿佛凝结成块。百合花清晰的轮廓和蜡质表面赋予色彩确切的形状，而刺芹复杂的形态和突刺多毛的肌理让它的色彩边界暧昧模糊。

上图：橙色的郁金香'芭蕾舞女演员'如爆炸的火焰漂浮在蓝色勿忘我的海洋上。郁金香紧密敦实的花型使橙色颇具实感，如果种得太密会令力量过猛，以致画面呆板难看。在这里，勿忘我大量的蓝色小花很好地分担了橙色的分量，使整个结构趋于平衡。

左页图：这片花境用蓍草、猫薄荷、羽扇豆、风铃草、羽衣草和穗花婆婆纳的组团形成了"黄-蓝"色彩结构，植物"溢出"的形貌勾勒出一条不规则的小路边缘。当我们模拟自然环境的生长方式，植物就可以生长得茂盛喜人。在野生自然里，宿根植物往往成团簇聚集，随着根系年复一年的延伸，地上部分也从中心向外扩张。有些植物还会靠种子拓展新领地，在距离亲本植物一段距离外的地方生长出新的团簇。这种自然过程往往要经过好几年才能实现，但在花园中我们可以通过"模拟自然"的方式进行种植，从而大大缩短成型时间。一个很有效的技巧是先把相同品种的几棵植物组合成大小适宜的"簇"，然后以"簇"为单位安排整个花境的种植布局。

下图：加州鸢尾花朵上的明暗斑纹使它看起来闪闪发光，从而减弱了色彩的浓度。在它后面，刺蓟锯齿状的叶缘和叶面上浅色的纹理让人联想起斑驳的光影。老鹳草的花朵上亦有微妙的色彩过渡，给原有的粉色加入了许多灵动。

第29页

上左图：3种不同的花朵形态给纯白色带来了变化。一年生异果菊与大花满天星搭配在一起，后者如面纱般轻盈的形态平衡了珠荟花朵的体量。

下左图：高山刺芹与全缘铁线莲的花朵具有相似的色彩，于是我们会很自然地关注到它们形态和肌理的区别：一个是纷杂的多刺毛边，一个是光滑的弯曲起翘，两者相互衬托。姿态上也是一个迎举，一个低垂，上下呼应。

上右图：球根虎皮花的花朵上呈现粉色、紫红色和黄色相交织的图案，与它相辅相成的是美女樱'圣保罗'，两者色彩上的相似性突显了它们形态上的差异——大三角形与小圆形的对比。

下右图：野毛茛的小花开在树羽扇豆脚下，前者的黄色呈点状但饱和度高，后者的黄色体量大但饱和度低，这样就形成了非常怡人的色彩平衡。试想一下若两者调换形态，将是压倒性的不均衡。

像秋海棠、百合、大花品种的月季和铁线莲，这些体量大且具实感的花朵表达出来的色彩信息是非常强烈的，它们可以为花境带来色彩的"重音"。但大色块也会略显呆板，如果花境全部都由这样的大花朵组成，就会显得粗鲁而极端。在这种情况下，不妨用一些外形小巧的花朵与大体量花朵搭配，使色彩重音柔和下来。特别当两者颜色相近时，柔化效果会格外明显。例如把粉色杜鹃花和粉色剪秋罗种在一起，杜鹃花团块状浓重的色彩经过剪秋罗细碎小花的修饰，看上去疏散、平和了许多。在另一个例子中，绣线菊喷雾状的小白花抵消了大花飞燕草白色挺立花序的呆板，使色彩平衡有度。

一些园艺植物经过人工培育，花朵或叶片上会出现异色的斑纹，使原有色彩的浓度降低。比如许多百合品种的花瓣上会有颜色各异的条纹或斑点；三色堇更是由于同一朵花上兼具黄、紫对比而被人熟知；还有倒挂金钟和羽扇豆的某些品种，花朵上亦有两种颜色共存。近距离观赏这些植物时，你看到的是原色彩与异色斑纹相交的结构；离远一段距离看，它们则融为一种新色彩。与单色相比，新色彩更柔和，也更疏朗。

你还需要推敲花朵叶片的形状与肌理，因为这些因素会给我们带来意想不到的色彩体验。当你在近处观察一朵雏菊时，它星射状且光滑闪亮的花瓣看上去要比旁边圆盘形且具有磨砂质感的蓍草花序更加鲜亮活泼，尽管它们的颜色实际是相同的。这就是形状的作用——放射状的造型会让人联想到光线和能量的散发，而向内聚拢的形态则暗示了静止停滞的感受。肌理带来的色彩差异同样明显。对比一下马桑绣球绵软柔顺的叶片和冬青树坚挺油亮的革质叶片，你会发现同为深绿色，两者引发的心理感受却全然不同，这种作用同样适用于花朵。颜色越相近，肌理变化造成的色彩差异就越明显。活用这一招，我们就能在单色结构的种植搭配里，通过质感变化创造出多样的视觉趣味。

园艺与色彩

园艺师的工作大都不会立刻见效，蕴藏在其中的艺术技巧也须在种植完成很长时间后才慢慢显露出来。图中这片早春的土地上盛开着托氏番红花和小花仙客来，它们经过多年的自播和扩散，形成了一片紫色与粉色完美融合的美丽花毯。

单色

也许你会格外钟情某种色彩，这是个很好的起点，开始全园色彩结构的谋篇布局。在你雄心勃勃地开始动手种植前，很有必要花些时间来熟悉园艺调色盘里的每种颜色，了解它们各自的"性格"，以及对人们情绪的影响——从相邻花叶色彩衬托的微观细节，到全园色调氛围的宏观层面，都是这些色彩的"性格"在起着重要作用。

对于某种特定的色彩，每个人都有自己独特的感受和回忆。一千个人便有一千种对该色彩的描述。尽管如此，仍有些普适原则可以帮助我们掌握这种色彩的性格，并在花园里恰如其分地展现它——无论是作为混合色调中的一枚龙套，还是单色花园里的主角。

如果选择单一色调的种植设计，可以通过增加该色调的多样性为花园增添视觉趣味。这里的多样性既包括该色彩饱和度和明暗度的差异，又包括形状与肌理的区别。例如在一片全黄色的花境里，花朵的色彩由深至浅，从深黄色到柠檬黄再到奶油色；形状上亦是由羽扇豆和毛蕊花的竖向长钉状到蓍草花头的扁平盘状，不一而足；除此之外，同为黄绿色调的叶片，也从瓷器般光滑的玉簪到如金属掐丝肌理的蕨类植物，展现了肌理上的丰富变化。如果再往这片花境里加入一些白色花朵或银色叶片，会更加有趣：白色不仅不会破坏黄色的单色结构，还能为其增添视觉层次感。

即使并非旨在创造单色调的花园，仍可以利用同一色彩的反复出现，在纷繁的花园植物间创造视觉联系。比如一片春黄菊的明黄色响应了身旁百合花的黄色花蕊，又与远处花叶常春藤的镶金边缘遥相呼应。花园艺术的意趣之一，便是在园中制造色彩的"回响"，一唤一应间构建起统一的共鸣。

黄色

黄色让人联想起阳光。黄色的雏菊就像一个微型的太阳——从中心向外放射，又闪闪发光。即使在阴天，花园里的黄色花丛也能像一片裁剪下来的阳光，带来喜悦，振奋精神，但是你需要控制好黄色的用量，谨记过犹不及。若使用不慎，太过充沛的黄色会淹没较柔和的色彩，还会给其他色彩笼罩一层紫色的残影。

黄色带来的色彩效果会随着季节而变化。夏天烈日高悬，投下浓重的阴影，明黄色与阴影的组合是异常猛烈的视觉冲击，为了更怡人的体验，最好不要在盛夏展现大面积的明黄色。而在春、秋两季，太阳高度较低，柔和的日光减弱了黄色的冲击力。早春里一行行明媚的洋水仙令人兴奋雀跃（但在酷暑中，这份"明媚"就会变成"艳媚"），秋日中绵延的黄叶在和煦的阳光下分外温暖人心。

右页图：在初夏短暂而绚丽的花期里，金链花开出了一条黄色的"隧道"。将近十天时间里，柠檬黄色的总状花序是这个垂顶上的绝对主角，此时金链花的叶片还没有长出来，这之后叶片将逐渐取代花朵。在这个景致里，园艺师还大胆地将奶油色和黄色的桂竹香种在树木脚下。通常情况下，喜阳的桂竹香开花时间要比金链花早，但在这个场景里由于树荫的影响，桂竹香的花期滞后了，恰好与金链花同时开放。除桂竹香外，玉簪'金标'也是很好的选择，它的黄色叶能持续整年，但在干燥的夏季记得要勤浇水，因为土壤里的大部分水分都被金链花的根系掠夺了。

为了使黄色系的花园在夏天仍可供观赏，你需要使用大量不饱和的黄色，比如淡黄色和柠檬黄。淡黄色不像明黄色那么喧闹，柠檬黄因带有少许绿色调所以显得冷静许多。这两种不饱和的黄色可以和其他色彩很好地搭配在一起。不饱和的黄色还包括樱草黄和奶油色，它们可能是黄色系中最有包容性的色彩了，无论与哪种颜色搭配都相宜，即使像粉色这种与明黄色格格不入的色彩也不例外。奶油色的花朵更自带一种"息事宁人"的魔力，当它出现在冲突的植物色彩中间时，能够让剑拔弩张的对立感立即平和下来。

在春天，可以往黄色系花园里加入一些浅色，像淡黄色的蜡瓣花和金雀花，还有奶油色的洋水仙等，它们柔和的淡黄色调与春天草木新叶的黄绿色相得益彰。

如果想给黄色体系加点华丽的高光，可以选择带着一抹黄色的白色花朵，比如白色滨菊，它的花心是黄色的，还有一些白色百合品种，如岷江百合，它们有引人注目的黄色花蕊。这些白色花朵的黄色部分能够呼应花境里的黄色主题。甚至不必局限于花朵，很多乔灌木带有黄色调的叶片也能与黄色主题产生呼应。它们的色彩能维持更长时间，其高大的体量还能撑起整个花境的空间结构。

左页图：这个长长的黄色花境采用了单色种植结构，给人以无限启发。花朵的黄色调从糙苏的蛋黄色到羽扇豆的樱草黄，浓淡跨度极大。除花朵外，不同形状和肌理的叶片也让黄色看起来更加丰富多变。创作者并不刻意追求色彩的纯粹，花境里的点点白花和银色叶片使整体显得更明亮，即使在阴天也能给人振奋的心情。（种植细节详见第228页图。）

黄色的"提亮"效果可以用在花园里的各个角落。正如黄色花蕊可以让红色花瓣显得更加鲜艳，把星星点点的黄色花朵加进红色和橙色的花丛中间（即使是很深暗的红橙色），你会看到这些零星的"火花"是如何把整片色彩点亮的。

黄色叶片的作用

植物的叶片是另一种把黄色带入花园的方式。深深浅浅的黄叶，还有带黄色条纹或斑点的叶片，都是很好的素材。相比起花朵，叶片产生的色彩效果更加持久，春天的新叶和秋天的落叶里都带有黄色，它们本来就是当季花园里的主导元素。但需要注意的是，叶片产生的色彩作用非常微妙，为了保证这份微妙感不被轻易破坏，不要再往里面加入过多明黄色花朵了。正如红橙色系的植物可以被黄色花朵点亮，我们也可以利用带有黄色斑纹的叶片（比如金边玉簪和花叶常春藤）来点亮幽暗深绿的荫蔽空间。花园里的池塘通常是沉郁的，特别是被树木遮盖起来时。若想点亮这一汪清泓，可以沿着池塘边缘种下金色叶观赏草，或有黄色斑纹叶片的近水植物，再往里面点入几棵零星的黄色小花，使之与叶片交相辉映。

左图：春天的池塘边，黄色出现在花叶黄菖蒲的条纹叶片上，出现在大花长叶毛茛的点点花朵上，也出现在灯台报春挺立的枝条上，还出现在画面前方水金杖水蛇般伸展的花头上。水金杖通常更爱深水环境，但在这里用于覆盖池塘的边缘。

右图：黄排草一串串浓黄色的花序气势逼人，却在金叶亮绿忍冬浅黄色枝叶的拥衬中平静舒缓下来。金叶过路黄是黄排草的近亲，它生有黄绿色调的叶片和匍匐蔓生的枝条，是绝佳的地被植物。

明黄色

春季

金庭芥
Aurinia saxatilis

常绿宿根植物，明黄色的小花汇聚成紧实的垫状。园艺品种'柠檬黄'的花色较浅，适合种在抬高的花床和岩石花园中。喜全日照环境。H 23cm，S 30cm，Z3。

驴蹄草
Caltha palustris

宿根植物，形似巨大的毛茛。适宜种在有全日照的池塘边缘和湿沼地环境。H 60cm，S 60cm，Z3。

欧黄堇
Corydalis lutea

常绿宿根植物，夏天可以持续开花，总状花序由许多带有短刺的管状小花组成。蓝绿色的叶片呈掐丝肌理。适应全日照和半阴环境。H 30cm，S 30cm，Z5。

番红花 '金色美丽'
Crocus × *luteus* 'Golden Yellow'

球根花卉，具有饱满的高脚杯形的花朵。在光照下长势最佳。H 10cm，S 8cm，Z4。

多榔菊属
Doronicum

晚春开花的宿根植物，具有心形叶片。细长的花茎顶端生有雏菊状的大花朵。光照和荫蔽环境均可适应。其优秀的园艺品种包括：车前状多榔菊'哈普尔'、东方多榔菊'华丽'。H 90cm，S 60cm，Z4。

冬菟葵
Eranthis hyemalis

具有块茎的宿根植物，明黄色花朵贴着地面生长，花下有叶片装饰。地上部分在夏天枯萎。喜半阴环境和腐殖质丰富的土壤。H 10cm，S 10cm，Z5。

桂竹香 '金床'
Erysimum cheiri 'Golden Bedder'

宿根植物，但生命周期短，故常作二年生植物用。可单独使用形成纯色的花境，也可与其他花色的桂竹香混种。从深樱桃红色到浅黄色都可搭配。需要一定光照。H 30cm，S 30cm，Z7。

猪牙花 '宝塔'
Erythronium 'Pagoda'

具有块茎的宿根植物，生有百合花形的垂铃花朵，每株花茎上至多会有12朵花。叶片宽阔并有斑驳杂色。需要腐殖质丰富的土壤和半阴环境，以保证安全过夏。H 35cm，S 20cm，Z5。

连翘属
Forsythia

灌木，先花后叶。开花时枝条满布灿烂的星状花朵。其优秀的园艺品种包括：美国金钟连翘，H 1.5m，S 2.4m，Z6；连翘，花色较淡，倚墙面牵引种植可以长得更高，H 2m，S 2m，Z6。

皇冠贝母 '鲁提亚极限'
Fritillaria imperialis 'Maxima lutea'

球根花卉，直立高挺的花茎顶端生有一圈垂铃状花朵，形似王冠。

适应全日照和半阴环境。H 1.5m，S 30cm，Z5。

黄花水芭蕉
Lysichiton americanus

宿根植物，先花后叶，其巨大的佛焰花序有不讨喜的香味，宽大的桨状叶片是其特征。需要湿沼地环境。喜全日照，也能耐半阴。H 90cm，S 75cm，Z6。

冬青叶十大功劳
Mahonia aquifolium

常绿灌木，花序紧凑而且带有香甜气息，夏天结出一簇簇蓝色果实。适应半阴和全阴环境。H 1.5m，S 1.5m，Z5。

欧洲金莲花
Trollius europaeus

宿根植物，向内弯卷的花瓣形成圆形花朵，好似巨大的毛茛。叶片呈裂状，优雅动人。光照和荫蔽环境都能适应，但需要湿润的土壤。H 60cm，S 45cm，Z4。

水仙属
Narcissus

春天最受欢迎的球根花卉，其黄色的喇叭状花朵是春天来临的预示。只要土壤不太干燥，都可以呈现上佳的自然形态。喜全日照和半阴环境。优秀的早花品种包括：仙客来水仙'二月黄'，H 32cm；'偷窥汤姆'，H 45cm，Z5；还有较矮的'悄悄话'，H 25cm，Z4。优秀的晚花品种有：'黄色快乐'，重瓣，有香气，H 40cm，Z4。

黄香杜鹃

Rhododendron luteum

　　落叶灌木，花苞有黏性，开放时呈现团块状的大花头，并且带有香甜气息。需要中性至酸性土壤，喜轻微荫蔽。H 2.4m，S 2.4m，Z5。

香茶藨子（黄丁香）

Ribes odoratum

　　灌木，星状黄色花朵贴在枝头上生长，有丁香般的强烈香气。靠在向阳的墙面上生长最佳。H 1.8m，S 1.8m，Z5。

郁金香属

Tulipa

　　这种球根花卉喜爱夏日的高温。优秀的园艺品种包括：早花的'贝罗那'，H 30cm，S 20cm，Z4；'金色旋律'，H 30cm，S 20cm，Z4；'西点'，H 50cm，S 25cm，Z4。

1.冬菟葵
2.皇冠贝母'鲁提亚极限'
3.仙来客水仙'二月黄'
4.垂铃草
5.黄花茖葱
6.铁线莲'比尔·麦肯兹'

垂铃草
Uvularia grandiflora

　　具有地下茎的宿根植物，造型优美的花朵垂吊在细长的茎上，穿梭在新叶之间。需要泥炭质土壤和半阴环境。H 60cm，S 30cm，Z5。

夏季

蓍属
Achillea

　　宿根植物，平盘状花头可与花境中的竖直线条构成温和的对比，形似蕨类的叶片亦是亮点。需要一定光照，耐干旱。优秀的园艺品种包括：'皇冠'，H 90cm，S 60cm，Z4；凤尾蓍'金盘'，H 1.2m，S 60cm，Z4。

黄花茖葱
Allium moly

　　球根花卉，具有清晰的黄色花头和玻璃质感的叶片。最喜阳光充足、排水良好的开阔场地，在此条件下可以扩散成丛簇。H 35cm，S 12cm，Z3。

春黄菊
Anthemis tinctoria

　　常绿宿根植物，有雏菊状明黄色花朵和羽状叶片。将开败的花朵剪掉后可以继续开花。喜阳光充足的开阔场地。H 90cm，S 90cm，Z4。

1. 黄菖蒲
2. 东方百合 '康涅狄格国王'
3. 橙花糙苏
4. 金光菊 '秋日阳光'
5. 青皮槭
6. 金枝偃伏梾木

阿魏叶鬼针草
Bidens ferulifolia

葡匐型菊科宿根植物，有展开的明黄色花朵和细叶。生性娇弱，但适合盆栽。H 75cm，S 90cm，Z9。

牛眼菊
Buphthalmum salicifolium

宿根植物，开有大量似雏菊的花朵，花瓣细窄。成丛簇状扩散，有时需要支撑。喜光照。H 60cm，S 90cm，Z4。

羽叶决明
Cassia artemisioides

常绿灌木，杯状花朵和覆有白色茸毛的全裂叶片形成一条条长枝。畏寒，适合在暖房中生长，需要一定光照。H 1.8m，S 1.8m，Z10。

轮叶金鸡菊
Coreopsis verticillata

宿根植物，开有明亮的星形花朵，花量巨大，亦有精致的全裂叶片。需要一定光照。H 60cm，S 30cm，Z3。

雄黄兰属
Crocosmia

球茎花卉，具有一串串喷涌的喇叭状花朵和剑形叶片。

优秀的黄色品种有：'金羊毛'，喜光照。H 75cm，S 20cm，Z6。

铁线莲属
Clematis

攀缘型或蔓生型植物，适应全日照和半阴环境，但根部需要凉爽。

优秀的晚夏开花品种包括：攀缘型的'比尔·麦肯兹'，具有垂铃状花朵，花朵萼片的尖端又略微上翘，包裹着花朵中央毛茸茸的部分，H 7m，S 7m，Z6；甘青铁线莲，花朵更小巧，中央部分同样是毛茸茸的，H 4.6m，S 4.6m，Z6。

法兰绒花
Fremontodendron californicum

常绿或半常绿灌木，开有明亮的茶碟状大花朵。最适于倚靠着向阳又有遮蔽的墙面种植，土壤不宜过于肥沃。H 6m，S 3.7m，Z9。

拟西西里岛拟金雀花
Genista aetnensis

灌木，明黄色的豆粒状花朵布满纷纷垂下的枝条，形成爆炸般的色彩。最宜在阳光下生长，但土壤不宜过于肥沃。H 7.5m，S 9m，Z8。

黄花海罂粟
Glaucium flavum

宿根植物，开有与罂粟形状相似的花朵，花瓣质感如同起皱的纸巾，叶片略带蓝绿色调。喜光照。H 60cm，S 45cm，Z5。

堆心菊属
Helenium

宿根植物，花朵形态饱满，花瓣从中心向外水平绽开。至暮夏时节大量花朵可以盖住整株植物。

'黄油'是该属植物中非常优异的品种，需要一定光照。H 90cm，S 60cm，Z4。

向日葵属
Helianthus

一年生品种向日葵是典型的向日葵属植物，花朵中央是螺纹状的种盘，边缘是一圈弯曲的黄色花瓣。H 3m，S 45cm，Z6。

宿根品种柳叶向日葵有着相对较小的雏菊状花朵，花茎很高。H 2.1m，S 60cm，Z6。

2种向日葵都需要全光照。

萱草属
Hemerocallis

宿根植物，叶片具有玻璃质感，花朵形似百合，造型非常精美。每朵花只持续开放一天，但能接连不断开放新的花朵。优秀的园艺品种包括：北黄花菜，它是最早开花的萱草品种之一，以及萱草'玛丽昂·沃恩'和萱草'金娃娃'。

萱草在全光照下长势最好。H 90cm，S 90cm，Z4。

金丝桃属
Hypericum

灌木，开有引人注目的黄色花朵，花蕊部分显著。适应全日照和半阴环境。

优秀的园艺品种包括：冬绿金丝桃，可以耐受干旱和贫瘠土壤，是非常好的地被植物，H 60cm，S 1.2m，Z6；还有无味金丝桃'埃斯塔德'，结有亮红色果实，H 90cm，S 90cm，Z7。

大旋覆花
Inula magnifica

宿根植物，开有茶碟大小的雏菊状花朵，叶片宽阔有茸毛。在光照充足的潮湿地面上可以长成巨大的丛簇。H 1.8m，S 90cm，Z4。

鸢尾属
Iris

具有地下茎的宿根植物。姿态高挺的有髯鸢尾品种在光照下长势最佳，比如'金丝雀'和'肯特荣耀'。两者均为 H 90cm, S 45cm, Z4。而黄菖蒲，特别适合在水边种植，需要半阴环境。H 1.2m, S 45cm, Z5。

欧洲菘蓝
Isatis tinctoria

二年生植物，开有弥漫分散的黄色小花，需要一定光照。H 1.2m, S 45cm, Z7。

黄花火炬花
Kniphofia citrina

火炬花的黄色品种，宿根植物，具有棒状花头。需要一定光照和潮湿土壤。H 90cm, S 45cm, Z8。

多花沃氏金链花
Laburnum × *watereri* 'Vossii'

乔木，豆粒状的花朵组成雅致的垂吊花穗。可以进行牵引，枝条弯曲成拱时效果极壮观。在光照下长势最佳。H 9m, S 7.6m, Z5。

掌叶橐吾
Ligularia przewalskii

宿根植物，花序高挺有尖，由众多小花组成。叶片边缘有精致优雅的齿裂。园艺杂交品种'火箭'具有更大的花序。适应全日照和半阴环境，需要湿润的土壤。H 1.5m, S 90cm, Z4。

百合属
Lilium

球根花卉，最适宜在光照下生长。其优秀的黄色品种包括：狐尾百合，花朵形似悬垂的土耳其帽，花瓣上有斑点，H 90cm；东方百合'康涅狄格国王'，花朵朝上，花瓣呈放射状，H 90cm；特殊型 OT 百合'金色辉煌'，花朵呈喇叭状，H 1.5m。以上百合品种均为 Z4。

荷包蛋花
Limnanthes douglasii

一年生植物，可以开出大量振奋人心的淡黄色花朵，每朵花的最外侧边缘为白色，在阳光充足的位置可以靠种子自播繁殖。需要一定光照。H 30cm, S 40cm。

黄排草
Lysimachia punctata

宿根植物，具有鲜黄色的长钉状花序，整株呈丛簇状，并有一定侵略性。需要全日照或半阴环境，喜湿润土壤。H 75cm, S 60cm, Z4。

西欧绿绒蒿
Meconopsis cambrica

宿根植物，依靠种子自播繁殖，可扩散范围极广。需要荫蔽环境和湿润土壤。H 45cm, S 30cm, Z6。

长果月见草
Oenothera macrocarpa
(syn. *O. missouriensis*)

宿根植物，其漏斗形大花在夜晚开放，结有硕大种荚。需要一定光照，喜砂质土壤。H 25cm, S 40cm, Z5。

橙花糙苏
Phlomis fruticosa

常绿灌木，叶片呈灰绿色，形似鼠尾草的叶片。轮盘状花朵呈浓郁的黄色。花朵凋谢后结出瓶形的种果，很吸引人。需要一定光照。H 1.2m, S 1.2m, Z8。

俄罗斯糙苏，常绿宿根植物，花叶形态类似。H 90cm, S 60cm, Z4。

水金杖
Orontium aquaticum

宿根深水植物，花叶漂浮在水面上，也可以在水岸上种植。长有奇异的棒状花，尖端为黄色，形似蛇头。S 60cm, Z7。

尼泊尔黄花木
Piptanthus nepalensis
(syn. *P. laburnifolius*)

半常绿灌木，黄色豆粒状花朵汇聚成花穗，与叶片共生，叶子3片一组。需要一定光照，在寒冷地区的冬季须做越冬保护。H 3m, S 1.8m, Z8。

金露梅'伊丽莎白'
Potentilla fruticosa 'Elizabeth'

灌木，植株呈紧凑的穹形，开有黄色碟状小花，与利落的全裂叶片交织在一起。需要全光照环境。H 90cm, S 1.5m, Z3。

大花长叶毛茛
Ranunculus lingua 'Grandiflorus'

姿态高挑的宿根植物，适合种在池塘边缘或沼泽花园中。H 90cm, S 30cm, Z4。

蔷薇属
Rosa

优秀的攀缘型品种有：'黄金

雨'，半重瓣鲜黄色花朵，成团簇状持续开放。H 2m，S 2.1m，Z5。

优秀的灌木型品种有：'格拉汉姆·托马斯'，优美的黄色英国月季，H 1.2m，S 1.5m，Z5；'金丝雀'，具有单瓣小花朵和类似蕨类的小叶片，在垂枝上较早生发，H 2.1m，S 2.1m，Z5。

金光菊属
Rudbeckia

宿根植物，雏菊状黄色花朵在夏末盛开，花心部分呈锥果状，颜色深。需要全日照或半阴环境。

优秀的园艺品种包括：全缘金光菊'金色风暴'，H 90cm，S 90cm，Z4；金光菊'秋日阳光'，适合种在花境后部，H 2.1m，S 75cm，Z5。

苔景天
Sedum acre

地垫型的多肉植物，很容易在石墙和石堆上攀附生长，需要全日照。H 5cm，S 不定，Z5。

杂交一枝黄花
× *Solidaster luteus*

假著紫菀和加拿大一枝黄花杂交产生的宿根植物，众多雏菊状小花汇聚成喷雾状的花序。

'Lemore'是其优秀的园艺品种，微小的花朵组合成羽毛状黄色花序，在夏末开放。植株会长成很大丛簇，具有侵略性。光照和荫蔽环境都能适应。H 60cm，S 75cm，Z4。

毛蕊花 '科茨沃尔德皇后'
Verbascum 'Cotswold Queen'

宿根植物，深黄色长钉状花序竖直向上，从绿色的莲座状叶片中挺立而出。喜光照，也耐荫蔽。H 1.2m，S 60cm，Z5。

秋季叶片

在此列举的秋季叶片均为纯粹的黄色，另有黄绿色叶片植物参见第120~122页。

青皮槭
Acer cappadocicum

姿态宏伟的大乔木，浅裂叶片在秋天变成黄色。需要中性至酸性土壤，全日照或半阴环境。H 20m，S 15m，Z6。

银杏
Ginkgo biloba

生长缓慢的大乔木，扇形叶片在秋季变为黄色。适应全日照和半阴环境。H 30m，S 7.6m，Z4。

冬季

金缕梅
Hamamelis mollis

灌木，花朵气息香甜，花瓣蜷曲，形似缠绕的线团，冬季中段开花，花朵紧贴枝条。需要全日照或半阴环境，以及泥炭质酸性土壤。H 3.7m，S 3.7m，Z6。

迎春花
Jasminum nudiflorum

灌木，通常靠着墙面牵引种植。在较温和的冬季气候里可以持续开花。花朵呈黄色、蜡质，先于叶片生发在拱垂的枝条上。需要全日照环境。H 3m，S 3m，Z6。

十大功劳 '慈善'
Mahonia × *media* 'Charity'

常绿灌木，花朵形成黄色团簇，有香气，深绿色叶片在花朵之下呈尖刺形状。喜爱荫蔽环境。H 4m，S 3m，Z6。

枝干

金枝偃伏梾木
Cornus stolonifera 'Flaviramea'

灌木，新生枝条呈黄色。为获得此色彩，可以在春天将其重剪至与地面齐高，促发新枝条生长。喜光照。H 1.8，S 4m，Z2。

浅黄色

春季

少花蜡瓣花
Corylopsis pauciflora

灌木，带有芳香的铃铛形小花朵挂在伸展的枝条上，先于叶片生发。喜酸性土壤和半阴环境。H 1.8m，S 2.4m，Z6。

郁金香属
Tulipa

这种球根花卉喜爱夏日的烘烤。优秀的园艺品种包括：尖瓣郁金香，有扭曲的浅黄色花瓣，边缘为红色，H 45cm，S 23cm，Z5；考夫曼郁金香，开花很早，H 35cm，S 20cm，Z5；迟花郁金香，花茎很短，全日照下花朵展开呈星形，H 15cm，S 15cm，Z5。

早生金雀儿'沃明斯特'
Cytisus × praecox 'Warminster'

灌木，浅柠檬黄色的豆粒状花朵在春天会布满整个植株。需要全日照环境，土壤不宜过于肥沃。H 1.5m，S 1.5m，Z5。

桂竹香
Erysimum cheiri

宿根植物，生命周期较短，故常作二年生植物使用。喜光照。

优秀的园艺品种包括：'月光'，H 45cm，S 30cm；'樱草床'，H 40cm，S 40cm。

报春花属
Primula

宿根植物，花朵从椭圆形叶片组成的莲座中央长出。喜全日照和半阴环境，以及泥炭质湿润土壤。

属内包括：巨伞钟报春，花朵有

香甜气息，H 90cm，S 60cm，Z6；黄花九轮草，花朵呈团状，H 20cm，S 20cm，Z5；德国报春花，花朵扁平，单瓣，H 20cm，S 20cm，Z5。

水仙属
Narcissus

球根植物。其优秀的袖珍型品种有着丛簇状精致的喇叭形花朵，包括：三蕊水仙园艺杂交种'哈维拉'，H 20cm，Z5；仙来客水仙园艺杂交种'杰克·斯耐普'，H 23cm，Z5。

大穗杯花
Tellima grandiflora

半常绿宿根植物，一串串向上的花序上布满奶黄色铃铛形小花，叶片心形，有茸毛。需要半阴环境和凉爽空气。H 60cm，S 60cm，Z4。

夏季

蓍草'月光'
Achillea 'Moonshine'

宿根植物，浅黄色平盘状花头从灰绿色羽状叶片中伸出。喜光照。H 60cm，S 50cm，Z4。

乌头属
Aconitum

具有块根的宿根植物，块根有毒性。喜光照，稍耐阴。有园艺品种：'乳白'，盔帽形奶黄色花朵组成长钉状花序，叶片有裂，叶形优雅。H 1.2m，S 60cm，Z5；牛扁乌头，植株较矮，花色更深。

春黄菊'鲍克斯顿'
Anthemis tinctoria 'E. C. Buxton'

宿根植物，也许是浅黄色雏菊形花朵的最佳选择，同时具有精致的羽状叶片。在光照下长势最好。H 90cm，S 90cm，Z4。

金鱼草属
Antirrhinum

一年生植物，播种时可以选择浅黄色单色品种，比如'花冠''君主'。喜光照。H 45cm，S 30cm。

黄日光兰
Asphodeline lutea

有地下茎的宿根植物，星形花朵组成高大的长钉状花序，从须刺状银灰色叶片形成的叶丛边缘长出。喜光照。H 1.2m，S 90cm，Z6。

大聚首花
Cephalaria gigantea

宿根植物，锯齿叶片，花朵形似针垫，从叶丛中高高挺出。喜光照。H 1.8m，S 1.2m，Z3。

长花铁线莲
Clematis rehderiana

攀缘植物，小铃铛状花朵在夏末成簇开放，有强烈香气。H 4.6m，S 4.6m，Z6。

1. 仙客来水仙园艺杂交种'杰克·斯耐普'
2. 德国报春花
3. 迟花郁金香
4. 蓍草'月光'
5. 春黄菊'鲍克斯顿'
6. 高加索百合
7. 卷须铁线莲
8. 重瓣黄木香
9. 忍冬'哈莲娜'

双色野鸢尾
Dietes bicolor

常绿宿根植物，开有奶黄色扁平花朵，花瓣基部有棕色斑，叶片细窄，有玻璃质感。喜光照。H 90cm，S 60cm，Z9。

大花毛地黄
Digitalis grandiflora

宿根植物，柔软的管状花朵串成长钉状花序，从长椭圆形叶片组成的莲座中央伸出。最适合在半阴环境和湿润土壤中生长。H 90cm，S 30cm，Z4。

黄龙胆
Gentiana lutea

宿根植物，星形花朵在粗壮的花茎上汇聚成一个个轮盘，下面是成束的巨大椭圆形叶片。喜全日照和半阴环境，以及中性至酸性湿润土壤。H 1.2m，S 60cm，Z5。

半日花 '威斯利樱草黄'
Helianthemum 'Wisley Primrose'

常绿灌木，花朵呈小托盘状，每朵只能持续开放一天，但可以连续几周不断开花，满布似小丘状的植株。最适宜在全日照下生长。H 45cm，S 60cm，Z6。

麦秆菊 '施威芬利'
Helichrysum 'Schweffellicht'

宿根植物，有成簇聚集的小花，花朵干枯后可摘，叶片呈银绿色。喜光照。H 60cm，S 30cm，Z5。

羽扇豆属
Lupinus

可用的园艺品种有：树羽扇豆，生长迅速的灌木，但生命周期短，开有芳香的长钉状花序，H 2.4m，S 1.8m，Z4；吊灯，宿根植物，

豆粒状花朵汇聚成有尖顶的长钉状花序，叶片深裂，形似风扇转盘，H 1.2m，S 60cm，Z3。这两个品种都喜光照。

黄花菜（柠檬萱草）
Hemerocallis citrina

宿根植物，花朵在夜晚开放。喜全日照环境和湿润土壤。须注意蛞蝓和蜗牛虫害。H 75cm，S 75cm，Z4。

奥林匹斯金丝桃 '柠檬黄'
Hypericum olympicum 'Citrinum'

灌木，奶黄色花朵，花蕊深黄色，夏天开放时大量花朵可以覆盖整个植株。喜全日照环境。H 30cm，S 30cm，Z6。

火炬花 '小女仆'
Kniphofia 'Little Maid'

宿根植物，奶黄色管状花朵聚合成棒状花序，从叶丛中伸出，叶片细窄，有玻璃质感。喜光照。H 60cm，S 45cm，Z5。

高加索百合
Lilium monadelphum
(syn. *L. szovitsianum*)

球根花卉，有精致的垂吊状大花朵，卷曲的花瓣上带有深红色斑点。喜光照。H 1m，S 30cm，Z5。

忍冬（金银花）'哈莲娜'
Lonicera japonica 'Halliana'

常绿攀缘植物，最优秀的闻香金银花品种之一，花朵初开时颜色极淡，之后慢慢变为浅麦黄色。适应全日照和半阴环境。H 10m，S 10m，Z5。

黄花猫薄荷
Nepeta govaniana

宿根植物，花序呈喷涌状，由奶黄色兜帽形小花组成，每朵花的唇

部呈明黄色，能够制造出柔和朦胧的黄色氛围。喜光照环境和湿润土壤。H 90cm，S 60cm，Z5。

月见草
Oenothera biennis

宿根植物，有娇弱的托盘状花朵，在夜晚次第盛开，并在第二天褪为浅粉色。喜全日照环境和沙质土壤。H 1.5m，S 20cm，Z4。

蓝目菊 '黄油牛奶'
Osteospermum 'Buttermilk'

常绿宿根植物，除非处于特别温和的气候，否则在其他环境里都非常娇弱。雏菊形花朵适合布置夏季花床和组合盆栽。在光照下长势最佳。H 60cm，S 30cm，Z9。

南非避日花 '黄喇叭'
Phygelius aequalis 'Yellow Trumpet'

常绿或半常绿亚灌木，垂吊的管状花朵汇聚成束，开在有遮蔽的环境里。喜光照。H 1.2m，S 1.2m，Z8。

直立委陵菜
Potentilla recta var. *sulphurea*

宿根植物，杯状花朵组合成松散的花簇，锯齿状叶片形似草莓叶。喜光照。H 最高能到45cm，S 60cm，Z4。

蔷薇属
Rosa

优秀的攀缘型品种包括：藤月 '阿伯里克·巴比埃'，半常绿，可以在背阴处墙面上生长，H 5m，S 3m，Z7；重瓣黄木香，奶黄色重瓣花朵聚合成丛簇，如带褶边的纽扣，枝条无刺，适合在有遮蔽的温暖墙面上生长，H 9m，S 9m，Z9；藤月 '美人鱼'，单瓣大花，质感略硬，在墙上牵引种植的表现最好，H 2.4m，S 2.4m，Z7。

优秀的灌木型品种包括：月季
'金色翅膀'，精致的淡黄色单瓣花
朵有明黄色花蕊，持续整个夏季反
复开花，H 1.5m，S 90cm，Z7；
黄刺玫，H 2.4m，S 3.7m，Z5。

绿银香菊
Santolina pinnata subsp. *neapolitana*

常绿灌木，浅黄色小花朵开在
银灰色叶片之上，可以修剪成矮篱。
喜光照。H 75cm，S 90cm，Z7。

智利豚鼻花
Sisyrinchium striatum

半常绿宿根植物，众多小花组成
的塔状花序自叶丛中长出，叶片呈剑
形。喜光照。H 60cm，S 30cm，Z8。

毛蕊花 '盖恩斯伯勒'
Verbascum 'Gainsborough'

半常绿宿根植物，杯状花朵组成
分叉的长钉状花序，看上去好似大量
奶黄色泡沫，非常美丽。耐阴，但更
喜爱阳光充足的开阔场地。H 1.2m，
S 60cm，Z5。

冬季

卷须铁线莲
Clematis cirrhosa var. *balearica*

常绿攀缘植物，花朵呈垂头姿
态，花瓣靠近中心处有深红色斑点。
H 3m，S 3m，Z7。

间型金缕梅 '苍白'
Hamamelis × *intermedia* 'Pallida'

灌木，须刺状花朵开在枝条上，
有甜美香气。适应全日照和半阴环
境，最喜泥炭质酸性土壤。H 3.7m，
S 3.7m，Z5。

右图：绿银香菊和蓍草 '月光'。

橙色

橙色十分惹人注目，同时也极难把控。太强烈的个性使它只能与极少数色彩和谐相处——红色和黄色，以及橙色自己的不饱和色相（比如古铜色和象牙色）。其他颜色遇到橙色时搭配效果都不太理想。有些园艺师干脆在花园里禁用橙色，以避免不必要的麻烦。但如果你渴望鲜明的色彩，激情浓烈的橙色会让你爱不忍释。

在色轮上，橙色位于红色和黄色中间，纯正的橙色相是暖色系的核心，所以将它与其他暖色搭配在一起是效果最显著的用法。比如春天的郁金香花田里，橙色郁金香与红色和黄色的郁金香混植，泼洒出热情洋溢的温暖色彩。夏天，特别是在明亮强烈的阳光照耀下，夹带红、黄色花朵的橙色调花境要比单一的橙色花境的表现力更好。盛夏时节里可以尝试鲜橙色的岩蔷薇，以及同样耀眼的橙色六出花、雏菊和花菱草。时至夏末，有大量橙色花卉素材可供使用，如宿根的雄黄兰、火炬花和大丽花，还有一年生的金盏花和旱金莲等。秋意渐浓时，橙色又与红色和黄色一起出现在乔灌木变色的叶片上（例如枫树、银刷树和火焰卫矛），演绎秋日的温情。

古铜色和象牙色可以缓和橙色的强度。自然界鲜有古铜色的花朵（堇菜'爱尔兰莫莉'是凤毛麟角），但古铜色的叶片并不罕见，比如矾根、新西兰麻、黄栌、朱蕉、茴香，它们古铜色或铜红色的叶片是橙色花朵很好的搭档。基于相同的原理，我们还可以想到血皮槭和草莓树，它们红褐色的树皮也能与橙色很好地搭配。带有橙色调的植物果实同样值得考虑，特别是柑橘类果树结的果子，更是经常在设计里出现（尽管在温带地区它们只能盆栽种植，且无法露地越冬）。在一些意大利花园里，栽种在红陶盆中的橘树经常被布置在规则式的绿篱和雕塑中间，给沉闷的形式感加入亮色的刺激。

由于橙色的支配性如此之强，因此更适合出现在相对孤立的一小片种植里，而不是整个花境，否则就很容易使画面的冲击力过载。用盆栽容器种植也是利用和限制橙色的好办法。尤其是红陶

左图：夏末的阳光点亮了血皮槭半剥落的树皮，使之如燃烧般闪耀着橙色的光芒。同样的阳光照在香鸢尾红色的花朵上，反射出橘红的色调。树木脚下，鬼灯檠叶片的棕橙色边缘，呼应着上层植物的橙色调。血皮槭是一种十分实用的园艺树种，全年色彩丰富，尤其在色彩稀缺的冬季，它的红褐色枝干与半剥落的橙色树皮能为花园带来一抹鲜活。

花盆，它的色彩可以与从鲜橙色到古铜色的一系列橙色调植物完美搭配：春天栽种橙色郁金香（如郁金香'韦特世代'）和橙色桂竹香，夏天换成橙色的勋章菊和支架牵引的旱金莲，环绕莲座状的铜红色澳洲朱蕉。如果你想让这些植物的橙色调更加鲜艳，还可以用蓝色的上釉瓷盆，蓝-橙互补色的作用会使彼此的色相得到最大程度的加强。

上图：橙色郁金香的色彩如此鲜明，即使相距45cm分散种植在绿篱花坛中，仍然可以成为引人注目的焦点。郁金香稀疏分散的种植设计是17世纪欧洲花园的常见风格，盖因当时的郁金香稀少且昂贵。

下图：簇拥环绕着青色石槽的，是橙色的半日花、六出花和春黄菊。这种全橙色的花境出现在小范围空间内能令人精神一振，若用在大范围的地块上就会太过强烈了。

浅橙色和杏色

　　浅橙色和杏色是橙色的不饱和色相，拥有相似的特征：纤弱而温暖。它们可以视作粉色与黄色的联结，在同一朵花上这几种色彩可以捏合出轻柔的和谐感。浅橙色和杏色纤细敏感的特质还能为花朵带来极精妙的美感。杂交麝香月季'潘妮洛普'的花苞是浅橙色的，待花初开时就变成了杏色，全开以后又会慢慢褪为奶油色。还有某些品系的灯台报春，颜色跨度从浅橙色到暖粉色，可谓应有尽有，将它们种在一起，不需要别的植物搭配就能构成十分和谐的色彩关系。

　　和橙色一样，浅橙色和杏色在搭配其他色彩时也很挑剔，它们只能与小范围的临近色相适配良好——浅黄色、浅粉色，还有暗哑的赤褐色和古铜色。超出这个范围它们就很难适应了，尤其与冷色系的蓝-粉色相关系更是紧张，因为浅橙色和杏色属于暖色，冷暖对比会制造色彩冲突。你还可以尝试另一种截然不同的搭配思路：先选定一种浅橙色的植物，然后围绕着它设计周边搭配，使这些搭配植物里都有可与浅橙色呼应的元素。一个实际的例子：先确定浅橙色的有髯鸢尾为中心，围绕着它种植有着橙色花蕊的白色百合，制造色彩联系。

　　或者你还可以用更为平和克制的杏色作为核心，围绕着它配置奶油色和浅黄色的花朵和黄绿色相的叶片。例如将杏色和浅黄色的鸢尾搭配起来，辅以青柠色的大戟和蛇麻叶片，即成十分和谐美妙的组合。

下左图：浅橙色的杂交麝香月季'潘妮洛普'与奶油色的毛地黄伴生在一起。月季颜色较深的花苞和铜红色的花茎仿佛浓缩了花瓣的色彩。深粉色的毛地黄来自野生种子的自播，是计划之外的小插曲。

下中图：黄色的比利牛斯百合拥有亮橙色的花蕊，它与鸢尾'金丝雀'相搭配，后者的花瓣上有着橙色的细密髯毛。比利牛斯百合是春天最早开花的品种之一。在它之后，你还可以选择南京百合作夏季之想，它的花蕊也是亮橙色的，花瓣是杏色的。

下右图：一缕缕米褐色的观赏草花穗和有着浅橙色花心的奶油色百合'明亮的星'，横亘在橙色和黄色萱草的中间，缓和了两者的色彩对比。画面左侧，矮小的花境边缘栽种的是一年生非洲菊，它的平碟状花头就像是缩小版的蓍草。

上图：画面前方是浅橙色的鸢尾花丛，它的黄色花心与后面的浅黄色鸢尾呼应，也和更远处的黄绿色大戟产生视觉联系。有髯鸢尾硕大高挺的花朵创造出引人瞩目的色彩斑块，但是它的花期很短，最多只能持续2周。所以最好不要用这样的花卉作为色彩结构的中坚力量。

下图：溪流旁的一片沼泽地带上，'因什里克'系列的灯台报春花丛延伸到目极的远方。这个系列的灯台报春有不同的花色，从浅橙色到鲑鱼色再到琥珀黄，相互搭配起来十分和谐自然。年复一年它们依靠种子自播遍布了整个水岸。因为需要排水良好的土壤，白色的天堂百合与灯台报春相伴，它们同样靠自播生长在岸边高起的土丘上。

橙色

春季

加拿大耧斗菜
Aquilegia canadensis

宿根植物，花朵上有2种颜色：花心部分的黄色和突刺状花瓣的朱红色，所以从远处看花朵呈橙色。喜光照充足的开阔环境。H 60cm，S 30cm，Z4。

桂竹香
Erysimum × cheiri

常绿宿根植物，作二年生植物用时表现最佳。需要光照充足的开阔场地。H 最高到60cm，S 38cm，Z7。

皇冠贝母
Fritillaria imperialis

球根花卉，橙色或黄色的铃状花朵围成一圈，组成花冠，悬挂在长长的花茎上，顶端有绿色苞片。在盛有沙子的花床里种植可以避免它

们因潮湿而腐坏。适应全日照和半阴环境，在夏天轻微干燥的土壤里长势最佳。H 1.5m，S 30cm，Z5。

山杜鹃
Rhododendron kaempferi

半常绿灌木，漏斗形花朵聚合成簇，花色范围从橙色到杏色再到饼干色。需要酸性土壤，在斑驳阴影下长势最好。H 2.4m，S 2.4m，Z5。

金莲花 '金皇后'
Trollius chinensis 'Golden Queen'

宿根植物，有毛茛花形的橙色花朵，花色统一，花蕊突出明显，叶片有裂，形状可爱。需要湿润土壤。H 75cm，S 35cm，Z4。

郁金香属
Tulipa

球根花卉，喜光照，喜夏日烘烤。优秀的园艺品种包括：金红郁金香，H 30cm，S 至多20cm，Z6；'詹那劳·德·维特'，橙色系中最好的纯色单瓣品种，H 45cm，S 23cm，Z4。

夏季

六出花
Alstroemeria aurea
(syn. *A. aurantiaca*)

宿根植物，众多百合形小花组成硕大的花头，花色为鲜艳的橙色，有深红色纹理。喜光照和有遮蔽的环境。H 90cm，S 90cm，Z7。

柳叶马利筋
Asclepias tuberosa

宿根植物，众多王冠状竖直向上的小花朵聚合成簇，叶片细窄，呈矛尖状。需要一定光照和腐殖质丰富的泥炭质土壤。H 75cm，S 45cm，Z4。

路边青属
Geum

宿根植物，在花境前部可以和其他植物很好地交织在一起。需要一定光照和湿润土壤。

优秀的园艺品种包括：红花路边青 '鲍里斯'，有单瓣橙色花朵和明黄色花蕊；'火焰欧泊'，有红铜色重瓣花朵。H 30cm，S 30cm，Z4。

雄黄兰属
Crocosmia

球茎花卉，花序呈拱形，从宽阔的剑状叶片中伸出。在向阳的开阔环境中生长旺盛。

优秀的园艺品种包括：天鹅雄黄兰，H 1.5m，S 45cm，Z7；'东方之星'，株型更小，但花朵更大、更展开，能制造出更纯粹的色彩冲击，H 90cm，S 23cm，Z6。

大丽花属
Dahlia

具有块根的晚花宿根植物。有众多橙色品种可供选择，从单瓣型品种到小花型红色大丽花，到有繁复突刺状花瓣的仙人掌型，再到有球状花头的绒球型。这些品种都需要一定光照，而且冬天时要把块根储藏在隔绝霜雪的环境里。推荐一个有代表性的品种：'捷斯科·茉莉'，H 90cm，S 60cm，Z9。

圆苞大戟 '火红'
Euphorbia griffithii 'Fireglow'

宿根植物，花头呈炽烈的橙色，叶片短小细窄，有红色中脉。实用性强但有侵略性。适应全日照和半阴环境，需要湿润土壤。H 90cm，S 50cm，Z4。同属的园艺品种 '迪克斯特'，植物学特征与 '火红' 很相似，但叶片呈锈红色。

1. 皇冠贝母
2. 金莲花 '金皇后'
3. 郁金香 '詹那劳·德·维特'
4. 六出花
5. 天鹅雄黄兰
6. 雄黄兰 '东方之星'
7. 大丽花 '大卫·霍华德'
8. 花菱草
9. 斑叶大花萱草

金盏花
Calendula officinalis

一年生植物，其雏菊状花朵在整个夏天持续不断开放。能在最贫瘠的土壤中旺盛生长。可以将重瓣的园艺品种'艺影'和'吉坦纳节日'混植。需要一定光照。H 30cm，S 30cm。

花菱草
Eschscholzia californica

一年生植物，鲜橙色单瓣花朵在阳光下开放，羽状叶片呈蓝绿色。需要一定光照，能耐受贫瘠土壤。H 30cm，S 15cm。

堆心菊属
Helenium

宿根植物，其野生品种开雏菊状黄色花朵。有园艺品种：秋花堆心菊，开橙色花；侯氏堆心菊'温德利'，开带橙色斑点的深黄色花朵。需要全日照环境。H 最高到1.5m，S 60cm，Z4。

半日花属
Helianthemum

常绿灌木，优秀的橙色花品种有：'本霍普山'和'本莫尔山'，数不清的小花汇聚成紧凑的色块，镶嵌在蓝绿色小叶片组成的小丘之上。需要全日照环境。H 最高到45cm，S 60cm，Z6。

1. 湖北百合
2. 酸浆（红姑娘）

萱草属
Hemerocallis

宿根植物，具有拱垂的长叶片，白天开花不断。橙色品种包括：萱草和斑叶重瓣萱草。需要一定光照和湿润土壤。H 90cm，S 90cm，Z4。

金鱼花
Ipomoea lobata (syn. *Mina lobata*)

一年生攀缘植物，单花呈管状，在花苞时是鲜红色的，开放时会褪为橙色，之后再变成奶油色。每串花序就像一个舞台，包含着处在各个状态下的花朵，呈现出绚丽的色彩。叶片三裂，形态优美动人。需要一定光照和湿润土壤。H 3m，S 3m。

百合属
Lilium

球根花卉。魅色百合，花朵朝上成簇，有黑色斑点，H 90cm，Z5。湖北百合，于夏末开花，浅橙色土耳其帽状花朵，在石灰质土壤中生长旺盛，H 90cm，Z4。豹纹百合，直立花茎的顶端开有土耳其帽状花朵，花瓣正面朱红色背面橙色，有红色斑点，H 1.8m，Z5。

鸢尾属
Iris

当有髯鸢尾的根状茎在土壤表层并接受阳光的充分照射后，可以开出最为灿烂的花朵。花色为哑橙色和棕橙色的品种有'奥林匹克火炬'和'秋叶'。H 90cm，S 40cm，Z4。

黑心金光菊
Rudbeckia hirta

宿根植物，常作一年生用，雏菊状花朵中央有黑色锥形花心，整个夏天持续开花，叶片和茎杆上覆有茸毛的'果酱'，是优秀的橙色花品种。在光照和荫蔽环境都能生长，需要湿润土壤。H 45cm，S 30cm，Z7。

齿叶橐吾'戴斯德蒙娜'
Ligularia dentata 'Desdemona'

宿根植物，鲜橙色雏菊状花朵汇聚成簇，与深绿色叶片产生强烈对比，叶片背面呈紫红色。适应全日照和半阴环境，需要湿润土壤。H 1.2m，S 60cm，Z4。

台尔曼忍冬
Lonicera × tellmanniana

鲜艳的橙黄花色弥补了这个攀缘植物所欠缺的香气。适应全日照和半阴环境。H 5m，S 5m，Z6。

灌木猴面花
Mimulus aurantiacus

在盆栽中非常实用的灌木，喇叭状花朵在夏天接连不断地开放，花色范围从桃红至橙红。需要一定光照和湿润土壤。H 1.5m，S 1.5m，Z9。

豪猪茄
Solanum pyracanthum

灌木状宿根植物，开有类似土豆花的蓝紫色花朵，茎杆和叶脉上遍布橙色突刺。需要全日照环境。H 90cm，S 90cm，Z10。

万寿菊属
Tagetes

生长缓慢的一年生植物，形态短粗，适于种在花境前端为园路勾勒边界。整个夏天持续开花。需要一定光照。优秀的园艺品种包括：'橙色迪斯科'和'星火'，H 30cm，S 30cm；'橘色宝石'，单瓣花朵呈现强烈的橙色，H 20cm，S 30cm。

圆叶肿柄菊
Tithonia rotundifolia

一年生植物，开有深橙色雏菊状花朵，花心为浅橙色，花柄呈渐细的锥管状。需要一定光照。H 1.5m，S 60cm。

旱金莲
Tropaeolum majus

一年生植物，开有鲜橙色喇叭形花朵，圆形叶片有附刺，带有芳香。牵引型品种适合种在吊篮中。花朵朝上、形态更紧实的品种还适合用在花境中。需要一定光照。牵引型品种：H 1.5m，S 1.5m。其他品种：H 60cm，S 60cm。

秋季

火把莲属
Kniphofia

宿根植物，总状花序呈花炬形，花茎长。园艺品种：火炬花，具有粗壮紧实的花头，向上渐细，花朵初为橙色，开放后褪为黄色，H 1.5m，S 1.2m，Z6；三棱火炬花，花头较疏松，呈橙色纯色，有细窄的玻璃质感叶片，H 1m，S 75cm，Z6。需要一定光照和湿润土壤。

酸浆（红姑娘）
Physalis alkekengi

宿根植物，支撑白色花朵的萼片在秋天会长成鲜橙色的球囊，把果实包裹其中。适应全日照和半阴环境。H 45cm，S 30cm，Z5。

果实

海棠'约翰·唐尼'
Malus 'John Downie'

乔木，喜全日照，但也能耐受荫蔽，能适应除积水外各种土壤环境。H 9m，S 7m，Z4。

火棘属
Pyracantha

灌木，适应全日照和半阴环境，需要有遮蔽，靠墙种植效果最佳。园艺品种：'橙色光辉'，小果聚成丛簇，果量巨大，能覆盖整个植株，使叶片几乎都看不见了。H 4.6m，S 3m，Z7。

1. 波士顿白柳
2. 蔷薇'潘妮洛普'

冬季

枝条

波士顿白柳
Salix alba var. *vitellina* 'Britzensis' (syn. *S. a.* 'Chermesina')

乔木，喜全日照，可以适应除极干燥外各种土壤环境。H 24m，S 9m，Z2。若每年齐地修剪则H为2.4m。

杏色

春季

辉煌欧亚槭
Acer pseudoplatanus 'Brilliantissimum'

乔木，在春天的几周时间里，新生叶片呈现出河虾煮熟时的色彩，随后褪为哑黄色，再之后变为绿色。H 6m，S 6m，Z5。

杏丽郁金香
Tulipa 'Apricot Beauty'

球根花卉，可靠的早花品种，花瓣基部为杏色，边缘为奶油色。适应全日照和轻微荫蔽的环境。H 50cm，S 23cm，Z4。

夏季

雄黄兰'索菲泰'
Crocosmia 'Solfaterre'

球茎植物，杏色花朵组成长钉状花序，与黄褐色长矛状叶片相得益彰。需要阳光充足的开阔环境。H 60cm，S 23cm，Z7。

双距花'超级鲑鱼'
Diascia 'Salmon Supreme'

宿根植物，浅杏色小花组成疏

松的长钉状花序，适合作花境镶边。需要一定光照和腐殖质丰富的土壤。H 30cm，S 45cm，Z8。

毛地黄 '杏色萨顿'
Digitalis purpurea 'Sutton' s Apricot'

二年生植物，浅杏色管状花朵组成长钉状花序。喜半阴环境和湿润土壤。H 1.5m，S 60cm，Z3。

百合属
Lilium

喜光照的球根花卉，适宜的园艺品种包括：'明亮的星'，有向下低垂的花朵，花瓣向后卷曲，中央有杏黄色条纹，H 1.5m，S 30cm，Z5；南京百合，浅杏色蜡质花朵，有鲜橙色花蕊，H 1.5m，S 30cm，Z5。

金露梅 '黎明'
Potentilla fruticosa 'Daydawn'

灌木，开有精致的杏色小花，花朵平展，花心黄色。整个夏天持续开花。在最炎热的时节需要遮蔽阳光直射。H 90cm，S 1.2m，Z3。

蔷薇属
Rosa

大部分蔷薇属植物都需要湿润的土壤和阳光充足的开阔环境。

优秀的攀缘类品种有：藤本月季'第戎的荣耀'，卷心菜形的重瓣大花朵，在花苞时呈杏黄色，后慢慢褪为奶油色，H 3.7m，S 3.7m，Z6。

优秀的灌木类品种有：月季'泡芙美人'，其花朵在花苞状和刚开放时呈杏色，开始凋萎时慢慢褪为奶黄色，H 2.4m，S 2.4m，Z6；月季'芝加哥和平'，其花朵在杏色的底色上叠有粉色和奶油色，H 1.2m，S

90cm，Z7；蔷薇'潘妮洛普'，花朵上有极浅的"杏－粉"复合色彩，H 1.5m，S 1.5m，Z6；香水月季'黄蝴蝶'，质地柔软的单瓣花朵会变换色彩，初开时是杏色，后褪为粉色，之后又变成红色，可以在同一植株上依次看到这几种色彩，H 2.4m，S 2.4m，Z7。

美女樱 '桃子和奶油'
Verbena 'Peaches and Cream'

宿根植物，花头呈圆形，其上有橙色花和奶油色花，故整体看来为杏色。需要一定光照。H 45cm，S 30cm，Z9。

1. 南京百合
2. 月季 '泡芙美人'

红色

　　红色暗示着危险。在英语中"see red"（看到红色）这个短语表达的是"我很愤怒"的意思，而"paint the town red"（把满城涂红）形容"人们度过了一个疯狂的夜晚"。红色引发的情绪源于"鲜血"的意向。鲜血令人联想到受伤和疼痛，也令人联想到热情。所有这些潜意识里的原始记忆都影响着我们看到红色时的感受。

画家们熟谙红色的运用技巧，也许只是画布上的一抹红色笔触，便能立刻抓住观众们的眼球。同样的手法也可以用在花园里，鲜红色的花朵可以制造出夜空焰火般的效果，但因在花园里红色花朵几乎总是处在与绿叶的共时对比中，所以哪怕只有一点点也会十分醒目。如果恣意挥毫泼洒，纯红色相的花朵将压倒性地支配周围所有色彩。但若只作画龙点睛的一两笔，鲜红的花朵便可使原本了无生气的植物组合顿时改观，化腐朽为神奇。在这方面效果最好的莫过于那些"小而离散"的红色花了，比如水杨梅、矾根、马鞭草和委陵菜，当它们出现在种植组合中时，点点红花鲜明又分散，可以点亮周边的色彩又不至于将它们淹没。

广义而言，红色可分为两大类，表现在色轮上便是更靠近暖调黄色的红色，以及更靠近冷调蓝色的红色。前者包括绯红和朱红，它们的色相里或多或少都带有黄色的成分，而所谓的酒红色属于后者，它的色相里带有一抹蓝色调，因而更具冷静气质。作为原色，红色的饱和色相就是它自己最纯粹的状态，没有任何其他色彩掺杂。当红颜料被其他颜色侵染时就会产生新的色彩，其特性也会随之变化。红色与黄色相加成为橙色，与蓝色相加成为紫色，与白色相加成为粉色……必须要很仔细地处理好这些红色衍生色调之间的关系，因为它们并不一定能和谐共处。比如热烈的朱红色（经典英国邮筒的颜色）与粉色的关系就很紧张，在花园里最好以很小的"剂量"尝试这两种色彩，一旦失控过量它们将制造出让人极难忍受的不和谐感。

有些我们惯称的"红叶"（如欧洲山毛榉和蓖麻的叶片）事实上远非纯正的红色相，因为叶片中含有叶绿素，绿色和红色叠加产生出接近黑色的色彩，在阳光的照射下又呈紫色调，它们在与红色花朵的组合里可以提供冷静的情绪基调。将红花与近乎黑色的叶片放在一起，整体组合将呈现出非常忧郁的气质，用于制造戏剧化的情境，而适当加入亮绿色叶片或浅色调花朵可以减轻这份忧郁。如果想让气氛更欢悦一点，还可以往里面加入带有明黄色花蕊的红色花朵，比如某些品种的大丽花，或者干脆用旱金莲、缬草、心叶假面花和蓝目菊这样的橘红色的花卉。

第56页

左图：这个夏日小景的主角是大丽花'兰道夫主教'和天竺葵。虽然都是红色花朵，但并没有形成压制感，一方面因为红色没有成团成块，而是分散在大面积的绿叶之中；另一方面，作为配角的浅绿色花烟草功不可没，它的明亮色彩刚好隔开了大丽花的深色叶片与同样漆成深色的花园椅。这个细节可谓神来之笔、大师手腕。

右图：在这个红色花境中，宿根六倍利作为主体，旁边环绕着的银光委陵菜作为花境的镶边，另有2株绯红色大丽花倚在背后。大丽花'兰道夫主教'带有粉霜质感的深色叶片与背景里的紫叶榛遥相呼应。在花境另一端照片没有拍到的部分里，深红色主题经由深蓝色和橙色花朵的补充变得舒缓平和。前者包括深蓝色的飞燕草和乌头，后者包括橙色的百合与萱草。

红色系花境

　　最适合塑造红色系花境的植物名单里，一定包括那些可以从夏到秋开花不断的红花植物，还有提供贯穿整个观赏季的稳定色彩的红叶植物。可惜它们中的绝大多数都是一年生草本，或是非常娇弱的宿根植物，这意味着你需要每年重新培植这片红色系花境——这是相当费时费力的辛苦活，但好的一面是你有机会每年调整种植方案，不断尝试新的组合搭配。

　　塑造红色系花境需要饱和度较高的红色花朵，可以是热情的绯红色和朱红色，也可以是冷静深邃的酒红色。如果说绯红色和酒红色的相遇是撩拨心弦，那么绯红色与粉色的组合则是震撼人心。至于花境里的叶片，你可以选择深红色调的观叶植物与红花构成统一的色彩调性，或者用亮绿色的叶片制造对比感，绿叶红花分外鲜明。

下左图：在这个夏末的红色花境里，多种红色花朵和叶片组成了层层递进的色彩关系，整体组合深邃而雄壮。火热的绯红色无疑是这个组合里的"高音"，酒红色和紫色则充当了冷静的"和声"。大丽花墨滴一般的深色叶片呼应了背景里的紫色灌木丛，也与前景里的景天和甜菜产生视觉关联。这些深色叶片无形中产生了压抑的情绪，多亏了血苋的加入，它酒红色的叶片带着浅色斑纹，打破了这份沉重。（种植细节详见第229页图。）

下右图：开红花的蓝目菊、皱叶剪秋罗和月季共同支撑起了这个花境的结构，花朵们呈现的朱红色成为统治性的色彩。原本单调无趣的砖墙因红色花朵点石成金，构成和谐的背景色调。这个花境里的叶色搭配值得仔细玩味——比如浅绿色的罂粟叶片，它的出现让整体气氛变得轻松愉悦，又反衬了旁边大丽花阴郁的深色叶子。叶片的衬托对比给花境带来丰富的层次感，而这正是同花色组合容易欠缺的东西。（种植细节详见第228页图。）

深玫红色

　　当红色变暗后，更容易设计出精妙的色彩搭配。在这方面深玫红色是个中翘楚。这种色调的花朵可以与紫叶李、紫叶小檗还有紫叶黄栌的紫红色调叶片产生和谐的共鸣。它们还能与普通的绿色叶片构成"温柔的对比"，与粉色花朵的组合也很怡人。相比浮华高傲的绯红色，深玫红色在混色的花境里显得平易近人。

　　浓郁的色调使深玫红色叶片显得有些阴沉，单独来看确实如此，但是亮绿色或银灰色叶片的点缀会让情况发生改变，它们能让深玫红色叶丛变得更有深度。我们甚至可以把这个现象引申为原则：当秋天花园里遍布深红色或金黄色的时候，一抹绿色的慰藉会显得弥足珍贵。

下左图：深玫红色的有髯鸢尾与绛紫色的鬼罂粟'帕蒂的梅花'形成完美的色彩搭配。深紫美国红栌带有粉霜质感的深色叶片充当了花境的背景，它的色彩呼应了鸢尾的深色髯毛和罂粟黑色的花心。

上图：夏末，两种铁线莲在墙壁上同时盛开。单瓣的铁线莲'里昂城'和重瓣的意大利铁线莲'典雅紫'拥有相似的深玫红色，形状却大相径庭。

下右图：月季'超级托斯卡'与大星芹'哈德斯彭血'组成的红色花境。

深玫红色与烟红色

春季

东方铁筷子
Helleborus orientalis

常绿宿根植物，有众多具有不同花色的品种，有黄绿色的，有带粉色斑点的，最令人心驰神往的还是烟红色和近黑色的品种。需要半阴环境和一直保持湿润的土壤。H 45cm，S 45cm，Z4。

郁金香 '夜皇后'
Tulipa 'Queen of Night'

球根花卉，晚花品种。花朵单瓣，天鹅绒质感，颜色极深。需要一定光照。H 60cm，S 23cm，Z4。

夏季

金鱼草 '黑王子'
Antirrhinum 'Black Prince'

一年生植物，花色极深，只有在很好的光线条件下才能展现一抹红色调。需要一定光照。H 45cm，S 30cm。

大星芹 '哈德斯彭血'
Astrantia major 'Hadspen Blood'

宿根植物，花朵形似王冠，呈深暗凝浊的红色。适应全日照和半阴环境。H 60cm，S 45cm，Z4。

巧克力秋英
Cosmos atrosanguineus

有块根的宿根植物，其近黑色的花朵在光线照耀下呈红铜色，有巧克力香味。需要一定光照和湿润土壤。H 60cm，S 45cm，Z8。

黑叶须苞石竹
Dianthus barbatus
Nigrescens Group

二年生植物，其花朵和叶片在全红色系花境里能够制造出深沉的色彩。需要光照充足的开阔环境和弱碱性的土壤。H 75cm，S 30cm，Z4。

暗色老鹳草
Geranium phaeum

宿根植物，其精致小巧的半透明深色花朵在逆光下闪耀着紫红色光彩。需要荫蔽环境，可适应除积水

下图：紫红羽毛枫。

涝地外的任何土壤条件。H 75cm，S 45cm，Z4。

马其顿川续断
Knautia macedonia

宿根植物，其暗红色小花屡有明星级表现，可以整个夏天开花不断。需要一定光照。H 75cm，S 60cm，Z5。

蔷薇属
Rosa

需要阳光充足的开阔环境。优秀的灌木类品种包括：藤本月季'黎塞留主教'，花色暗红色，H 1.2m，S 90cm，Z5；浓香月季'德扬之夜'，H 1.2m，S 90cm，Z5。

堇菜'莫莉·桑德森'
Viola 'Molly Sanderson'

颜色最深的堇菜，近乎黑色。黑色角堇'鲍尔斯黑'是很好的备选。H 25cm，S 25cm，Z4。

叶片

槭属
Acer

乔木或灌木，需要全日照或半阴环境，可以适应中性土壤和酸性土壤。

园艺品种有：紫红羽毛枫，生长极慢，其细裂叶片形成小丘状植株形态，拖垂到地面，H 1.5m，S 2.4m，Z6；紫叶挪威枫，深紫红色叶片，是优秀的乔木品种，H 15m，S 10m，Z3。

峨参'乌鸦之翼'
Anthriscus sylvestris 'Raven's Wing'

宿根植物，常被视为野花，深暗的黑红色全裂叶片与自身精致的白色花朵形成强烈的明暗对比。H 90cm，S 60cm，Z5。

红叶山菠菜
Atriplex hortensis var. *rubra*

一年生植物，深红色叶片。需要全日照环境，在沿海地区生长旺盛。H 1.2m，S 30cm。

暗紫日本小檗
Berberis thunbergii f. *atropurpurea*

朴素实用的灌木品种，叶片小，耐修剪，适合用作绿篱。适应全日照和半阴环境，能够在除积水涝地外的所有类型的土壤中旺盛生长。H 2.4m，S 3m，Z5。暗紫日本小檗'娜娜'是其矮生变种，H 60cm，S 60cm。

甜菜'公牛血'
Beta vulgaris 'Bull's Blood'

一年生植物，是深color叶片的园艺品种，其叶片在全红色系花境的前景塑造中非常实用。H 25cm，S 15cm。

加拿大红叶紫荆
Cercis canadensis 'Forest Pansy'

受人喜爱的小乔木，有深红色心形叶片。需全日照环境。H 3.7m，S 3.7m，Z4。

紫叶单穗升麻
Cimicifuga simplex
Atropurpurea Group

宿根植物，有可爱的暗红色有裂叶片，于夏末开出的白色柱状花序由众多羽状小花组成。需要轻微荫蔽的环境和湿润土壤。H 1.2m，S 60cm，Z4。

紫叶澳洲朱蕉
Cordyline australis 'Purpurea'

常绿灌木或乔木，有紫红色革质叶片。植株具有很强的结构性，适合在盆栽组合里作主景。H 1m，S 1m，Z9。

紫叶榛
Corylus maxima 'Purpurea'

生长旺盛的灌木，适合用作暗色的背景，需要及时修剪以维持形态不至出界。耐日晒，适应半阴环境。H 6m，S 5m，Z5。

紫叶罗勒
Ocimum basilicum var. *purpurascens*

娇嫩的食用香草植物，叶片有紫红色调，适合用作组合盆栽的装饰叶片。需要一定光照。H 40cm，S 30cm。

深紫美国红栌
Cotinus coggygria 'Royal Purple'

灌木，有极深的红色叶片，在秋天褪为半透明的红色。若想让它长出最大的叶片，需要将其种在盆器里，每年春天齐地修剪，但这样做在夏天它就开不出如烟雾般朦胧的羽状花朵了。H 5m，S 5m，Z5。

大戟'变色龙'
Euphorbia dulcis 'Chameleon'

半常绿宿根植物，其花朵和叶片的颜色在黄褐色、紫红色和近黑色之间变化。耐日晒，适应半阴环境，需要湿润土壤。H 75cm，S 75cm，Z4。

裂叶肾形草'华紫'
Heuchera micrantha var. *diversifolia* 'Palace Purple'

宿根植物，深红色心形叶片上有皱褶，形成丛簇，叶片表面光滑，甚至可以反光。开有分散的白色小花。H 45cm，S 45cm，Z4。

血苋
Iresine herbstii

娇嫩的观叶宿根植物，深紫红色叶片上可见粉色脉络。需要强烈光照以保持叶片色彩，需要肥沃土壤。H 60cm，S 45cm，Z9。

黑龙沿阶草
Ophiopogon planiscapus 'Nigrescens'

常绿宿根植物，有丛簇状、带有玻璃质感的叶片，基部为深绿色，其余部分是闪亮的乌黑色调。在半阴环境下长势最好。H 20cm，S 20cm，Z6。

紫苏
Perilla frutescens rubra

一年生植物，有深暗的红紫色锯齿叶片。植株尚小时掐除顶芽使其长成灌丛状。需要一定光照。H 60cm，S 30cm。

藜芦
Veratrum nigrum

宿根植物，卵圆形叶片有凹棱，具紧实的圆锥花序，花朵呈极深的暗红色，常被人误以为是黑色。需要半阴环境和湿润土壤。H 1.8m，S 90cm，Z4。

樱桃李
Prunus cerasifera

乔木，其白色小花在早春最先开放的花朵之列，但暗紫红色的叶片观赏价值更高，是实用的绿篱植物。需要全日照环境，除积水涝地外可以耐受各种土壤类型。优秀的园艺品种有：樱桃李'黑叶'，H 10m，S 10m，Z4；比氏樱桃李，H 10m，S 10m，Z3。

蓖麻
Ricinus communis

常绿灌木，其深色叶园艺品种为一年生，具有醒目的深裂大叶片，极富异国情调，于夏末开红色小花，随后结出带刺的红色种荚。需要一定光照。H 1.5m，S 90cm，Z9。

鬼丑紫叶接骨木
Sambucus nigra 'Guincho Purple'

乔木，其深紫红色叶片与扁平的奶油色花头构成明显对比。需要一定光照和湿润土壤。H 6m，S 6m，Z6。

秋季

大叶欧紫八宝
Hylotelephium telephium subsp. *maximum* 'Atropurpureum'

宿根植物，有紫红色肉质叶片，成簇的小花于秋天成熟，呈深粉红色。需要一定光照。H 60cm，S 45cm，Z4。

绯红色与朱红色

春季

郁金香属
Tulipa

球根花卉，耐日晒，适应半阴环境，喜爱夏日烘烤。醒目的绯红色郁金香种在门前的花盆中会营造出好客的气氛。优秀的园艺品种包括：'普莱舍'，H 20cm，S 25cm，Z4；多花郁金香，H 45cm，S 23cm，Z5；'红辉'，百合花形，开花晚，但可持续很久，H 60cm，S 35cm，Z4。

夏季

杂交蓝目菊'焰火'
Arctotis × *hybrida* 'Flame'

优雅的一年生花卉，只有在全日照环境下才能开花，有多种花色品种。本品种花朵为朱红色，花瓣有柔和的橙色边缘。H 50cm，S 40cm，Z10。

美人蕉
Canna indica

具有地下茎的宿根植物，充满异域风情，适合在大型盆栽中作主景，也可以用在花境中作结构植物，有巨大的合拢花朵，呈半透明的绯红色。紫叶美人蕉，有深红色叶片。需要一定光照和肥沃湿润的土壤。H 2m，S 90cm，Z9。

雄黄兰'路西法'
Crocosmia 'Lucifer'

球茎花卉，有鲜红色的拱形花序和明亮的长矛形叶片，适用于全红色系花境。在阳光充足的开阔环境下长势最佳。H 1m，S 40cm，Z5。

大丽花'兰道夫主教'
Dahlia 'Bishop of Llandaff'

有块根的宿根植物，有绯红色单瓣花朵，花心部分是明亮的黄色，其甘草色叶片亦具有很高观赏价值。需要一定光照。H 90cm，S 90cm，Z9。

水杨梅'布莱德肖夫人'
Geum 'Mrs J. Bradshaw'

宿根植物，长花茎的顶端开有重瓣小花朵，能够为花境前部营造出点点鲜艳色彩。需要一定光照和湿润土壤。H 80cm，S 45cm，Z5。

堆心菊属
Helenium

宿根植物，秋花堆心菊'莫尔海姆美人'是其优秀的红花品种。需要全日照环境。H 最高到1.5m，S 60cm，Z4。

萱草'斯塔福德'
Hemerocallis 'Stafford'

宿根植物，深红铜色花朵在白天陆续开放，具有长长的垂拱状叶片。需要全日照环境和湿润土壤。H 90cm，S 90cm，Z4。

红花半边莲
Lobelia cardinalis

宿根植物，鲜红色花朵组成高高的长钉状花序。耐日晒，适应半阴环境，需要湿润土壤，即使在池塘边的积水土壤中也能生长。H 1m，S 30cm，Z3。园艺品种'维多利亚女王'，具有极深的红色叶片，近乎黑色，H 1m，S 30cm，Z6。

皱叶剪秋罗
Lychnis chalcedonica

宿根植物，高高的花茎顶部有大量星形小花聚合成的圆形花头，为暖色花境带来点点引人注目的朱红色。需要一定光照。H 1.2m，S 45cm，Z4。

1. 多花郁金香'独角'
2. 郁金香'红辉'
3. 雄黄兰'路西法'
4. 萱草'斯塔福德'
5. 皱叶剪秋罗'繁花'
6. 点瓣罂粟'瓢虫'

罂粟属
Papaver

适合的园艺品种有：点瓣罂粟'瓢虫'，一年生植物，其绯红色花瓣的基部有黑色斑点，H 45cm，S 45cm；鬼罂粟，花朵质感犹如褶皱的纸巾，鲜艳的花色容易侵蚀周边植物的色彩，H 90cm，S 90cm，Z4，鬼罂粟'美丽的利弗莫尔'是其优秀的深红色变种。所有类型都喜全日照环境。

天竺葵属
Pelargonium

常绿宿根植物，有时当作一年生植物种养，适合在室内、温室和亭廊里种植，在全日照环境下生长旺盛。适于种在花盆或不潮湿的土壤环境中。不同品种有非常多的花色，包括绯红色、酒红色、粉色、鲑鱼色和白色等，有些品种还具有斑纹叶片。其中最优秀的红花品种是'保罗·克朗佩'，H 45cm，S 45cm，Z9。

钓钟柳属
Penstemon

半常绿宿根植物，其丛簇状花朵可以保持很长时间。优秀的园艺品种包括：红花钓钟柳，细管形花朵组成长钉状花序，Z4；'火焰'，Z9；'猩红'，Z9；'斯科恩赫兹里'，Z6。后面两个品种的花朵较大，能形成更艳丽的泼洒效果，且都在光照下长势最佳。H 最高到90cm，S 60cm。

紫花银光委陵菜'吉布森红'
Potentilla argyrophylla var. *atrosanguinea* 'Gibson's Scarlet'

宿根植物，红色花朵极为鲜艳，与其形似草莓的鲜绿色叶片构成极大反差。适应全日照，但在半阴环境下花色最为艳丽。H 45cm，S 45cm，Z5。

蔷薇属
Rosa

优秀的攀缘类月季有：藤本月季'都柏林海湾'，H 2.1m，S 2.1m，Z6；'御用马车'，H 3.7m，S 3.7m，Z6。

优秀的灌木类月季有：华西蔷薇，其亮点是绯红色的单瓣花和红色的蔷薇果，后者在秋天黄叶的衬托下非常惹眼，H 4m，S 3m，Z5。

鼠尾草属
Salvia

属内品种多为亚灌木植物。光亮鼠尾草，绯红色花朵和酒红色花茎组成的花序，从略有茸毛的叶片中伸出，H 75cm，S 75cm，Z9。凹脉鼠尾草，绯红色花朵带圆形唇部，H 1.2m，S 1.2m，Z9。一串红，宿根亚灌木，常当作一年生植物种养，用在花境前部时可以提供一抹绯红色彩。优秀园艺品种有：一串红'火焰'和朱唇'红衣女士'，H 30cm，S 30cm，Z10。

马鞭草属
Verbena

一年生植物或宿根植物，适合种在红色系花境的前部，或种在花盆里，在边缘垂下彩色的瀑布。

'劳伦斯·约翰森'和'尼禄'是其优秀的园艺品种。它们都有绯红色小花组成的圆形花簇，都需要一定光照。H 30cm，S 60cm，Z10。

美丽旱金莲
Tropaeolum speciosum

有地下茎的攀缘植物，开一簇簇鲜艳的绯红色花朵，如一层幕帘披盖在构筑物或支撑植物上。需要一定光照，但根部须处于荫蔽环境中。H 3m，S 3m，Z7。

朱巧花
Zauschneria californica (syns. *Epilobium californicum, E. canum*)

宿根半灌木植物，纤巧的朱红色花朵在夏末开放，在几周时间里覆盖整个植株。需要一定光照。H 45cm，S 75cm，Z8。

百日菊属
Zinnia

一年生植物，有醒目的形似雏菊的花朵，花型大，赋予夏日花境以热情气息。需要一定光照。H 60cm，S 30cm，Z10。

秋季

红旗花
Schizostylis coccinea

有地下茎的观花植物，有瓶状花朵和细窄叶片。需要一定光照和湿润土壤。H 60cm，S 30cm，Z6。

叶片

槭属
Acer

鸡爪槭叶片七裂，在秋天来临前的一两周变成红色，H 6m，S 6m，Z6。园艺品种：'红灯笼'，叶片呈更加明亮的绯红色，H 4.5m，S 4.5m，Z6。羽扇槭'乌头叶'有精致的扇形有裂叶片，秋天转红，而叶片中央变为黄色，H 7m，S 7m，Z6。红花槭 H 18m，S 11m，Z3。

以上种类都能适应全日照和半阴环境，适合中性土壤和酸性土壤。

北美枫香
Liquidambar styraciflua

乔木，秋天时有壮观的红-黄色彩，需要一定光照和湿润土壤。H 22.5m，S 12m，Z5。

五叶地锦
Parthenocissus quinquefolia

攀缘植物，可以将建筑立面全部覆盖住，在秋天爆发出深红色。需要一定光照。H 15m，S 15m，Z4。

毛葡萄
Vitis heyneana

攀缘植物，有心形大叶片，叶面最宽能有30cm，其上有酒红色至橙色的颜色。耐日晒，适应半阴环境，喜白垩土。H 15m，S 15m，Z5。

冬季

枝干

西伯利亚红瑞木
Cornus alba 'Sibirica'

灌木，需要在春天予以重剪，剪至距离地面30cm以下，这样能刺激它生发新枝。新枝条呈鲜红色，老枝条则缺乏色彩。耐日晒，适应半阴环境。H 2m，S 2m，Z3。

酒红色与深红色

春季

红花重瓣芍药
Paeonia officinalis 'Rubra Plena'

宿根植物，常见于乡野花园，能够在花园中历经数代人。可以通过分割其块根进行扩繁，但这样操作后要经过两三年时间恢复。喜肥沃土壤。喜光照，也耐轻微荫蔽。H 75cm，S 75cm，Z3。

夏季

距药草
Centranthus ruber

宿根植物，在夏天大部分时间里都能见到其花朵，将花朵剪下后还会再长、再开。自种繁殖，即使在看似最不可能的环境里也能生存。另有粉花、白花等品种。需要一定光照，在暴露于阳光下的碱性贫瘠土壤中生长最旺盛。H 75cm，S 60cm，Z5。

铁线莲属
Clematis

优秀的攀缘类品种包括：'里昂城'，有酒红色花朵和奶油色花药；'典雅紫'，其哑红色的花朵形似天鹅绒扣。这些品种在全日照和荫蔽环境中都能生长，但根部必须处于荫蔽处。H 3m，S 3m，Z6。

须苞石竹
Dianthus barbatus

二年生植物，每个花头都如同一把花束，花心部分的色彩带来颜色跳跃。需要阳光充足的开阔场地和轻微碱性的土壤。H 75cm，S 30cm，Z4。

美国薄荷属
Monarda

宿根植物，其盔形红色花朵覆盖住圆形植株，使该植物可以在全红色花境中营造出柔和感，以打破周边植被的硬朗轮廓。需要一定光照和湿润土壤。优秀的园艺品种有：'剑桥红'，H 1m，S 45cm，Z4；美国薄荷，H 90cm，S 45cm，Z4；'佩里夫人'，H 50cm，S 45cm，Z4。

钓钟柳 '加内特'
Penstemon 'Garnet'

半常绿宿根植物，是最受欢迎的钓钟柳品种，其花序可持续极长时间。需要全日照环境。H 75cm，S 60cm，Z6。

蔷薇属
Rosa

大多数蔷薇属植物都喜欢阳光充足的开阔环境和湿润的土壤。

优秀的攀缘类品种有：月季'几内亚'，暗红色花朵，有浓香，H 5m，Z6。

优秀的灌木类品种有：月季'暗淡少女'，半重瓣簇状花朵呈深暗的红色，H 1.2m，S 1.5m，Z5；F系月季'弗伦山姆'，开深红色簇状花朵，H 1.2m，S 75cm，Z6；法国蔷薇'超级托斯卡纳'，酒红色重瓣花朵，有天鹅绒质感，H 1.1m，S 1.1m，Z5。

1. 华西蔷薇
2. 光亮鼠尾草
3. 朱巧花
4. 鸡爪槭 '红灯笼'
5. 美国薄荷 '斯夸'
6. 须苞石竹

粉色

　　粉色系包含的色彩范围很广，从鲜艳的洋红色到面颊泛起的淡淡红晕都可以算作粉色系的成员。然而你在色轮上却找不到粉色的位置，这是因为它是比基础色更为复杂的合成色调，没有办法在普通色轮上定位。尽管如此，你仍可以在色轮上找到粉色的基本组成元素。如果我们把粉色想象成往红色中添加少量黄色或蓝色，然后再加入白色进行稀释所形成的色相，那么粉色可以分为两大类：一类是由红橙色加白色稀释而成（呈现暖色调）；另一类是由蓝紫色加白色稀释而成（呈现冷色调）。这两种粉色最好不要混用——"暖粉色"中的黄色元素与"冷粉色"中的蓝色元素之间会造成冷暖冲突，使搭配效果不理想。

　　不同粉色之间的差异是非常微妙的，即使同一种粉色在不同环境背景中呈现的调性也有差别。比如同一朵粉色罂粟花，出现在蓝色猫薄荷与蓝紫色鼠尾草花境里就会显得"很暖"，但出现在红色月季花海中又会相对地呈现出冷色调。光照的变换也会影响粉色的调性，在黄色的夕阳下看是一抹暖色，待夜幕降临后，同一片粉色看起来却带着清冷的蓝色调。

下左图：洋红色的美女樱'圣保罗'、'凯默顿'与浅粉色的双距花和钓钟柳'伊芙琳'一起种在抬高的花床中。在它们下方是亮粉色的宿根福禄考'樱桃红'和颜色更浅的宿根福禄考'桑德林厄姆'。宿根福禄考的花期不长，等它开过后，景天会迅速填补它空出来的位置。图片里景天还处于花苞状态。

下中图：木茼蒿'温哥华'的花朵刚开始是中等深度的粉色，随着时间推移花朵的颜色会越来越淡。在这里与它相伴生的是紫色的花葵'罗斯'。

下右图：在这个充满灵性的秋季花境中，浅粉色的杂交银莲花和菊花种在一起，它们的花朵有着相似的花色和大小。在下部空间，另一种矮生深粉色菊花和紫红色景天一起勾勒出花境的边界。

大到整个林地空间，小到区区方寸盆栽，全粉色系的种植组合在任何尺度下都是可行的。区别在于，小尺度下重复使用同一种粉色植物的效果很可观，但在大尺度下，一成不变的粉色会显得太过甜腻单调。这时需要依仗深浅不一的色彩微差、不同的花朵形状，以及差异的植株姿态来解救单调的困局，尽力制造丰富的多样性变化。一个很有效的方法是：采用同一种植物的不同品种，以其深浅不一的粉色花朵形成一个个植物组团分布在花境中。小尺度花境可以使用石竹和美女樱的不同变种；大尺度的地块上，郁金香和杜鹃的各类粉色品种会有很大的施展空间。

粉色花朵与各类白色植物的搭配都很和谐。有意思的是，尽管粉色包含红色元素，但它与红色的相处似乎并不融洽。也许正因为白色的稀释让粉色中的红色成分"冷静"了下来，所以当平静的粉色遇到纯粹的、未经稀释的热烈红色时，深层次下的冷热对比会引起人们内心的情绪波动，特别是较深的粉色（如洋红色）与红色相遇时的反应尤其强烈。凡事皆有两面性，剑走偏锋的色彩冲突固然危险，但驾驭得当反而会收获激动人心的效果（图例见第198～199页）。

冷色调的粉色

如前所言，冷色调的粉色中或多或少都有蓝色元素，从最浅的贝壳粉到最深的洋红色，都可视为冷色调的粉色（以下简称"冷粉色"）。色彩覆盖面如此之广，使它们彼此间很容易搭配出和谐的效果。尤其是其中较浅的色调，相互组合而成的搭配带有平静而不失甜美的气质。较浓、较鲜艳的冷粉色会给场景带来坚定果决的气氛。如果你不确定是否要在花境中长久地呈现这种色彩，可以先将盆栽的冷粉色花卉暂时加入花境中，方便随时移换。

因为带有蓝色的"基因"，冷粉色天生适合与紫色、淡紫色搭配。一些冷粉色花卉本身在凋谢枯萎的过程中就会渐渐向紫色过渡，呈现出十分精妙动人的色彩变化。

第70页

左图：深粉色的三色堇与球花报春是一组色彩相近的搭配，一起种植在郁金香的下方。事实上，球花报春更喜爱湿沼土壤，而三色堇却不太耐潮湿。如果仅追求短期效果，花后马上替换，可以不去考虑每种植物的偏好，但若旨在设计长期的种植效果，就必须仔细选择习性相似的植物，使它们都能茂盛生长。

右上图：一深一浅两种粉色的宽叶山黧豆依靠铁丝网沿着墙面向上生长。它们的花在逐渐凋谢的过程中会慢慢变成淡紫色和灰色，于是你能在这里同时看到至少4种色彩的花朵。

右下图：拜占庭唐菖蒲的长钉状花序与亚美尼亚老鹳草的盘状小花一同出现在这个夏日花境中，它们的颜色如此相近而形态又如此不同。

第71页

下左图：一年生波斯菊'帝国粉'与总苞鼠尾草'伯舍尔'拥有相同的冷粉色调，形态却大相径庭。要实现这两种花同时开放的场景效果，一开始不要播种波斯菊的种子，而是待它在盆栽里长到开花再移植到花境中。

下右图：作为盆栽组合，日本垂吊矮牵牛、酒红色矮牵牛，以及美女樱'圣保罗'均种在红陶花器中。虽然这三种花的颜色都属于冷粉色，但彼此间仍有明显的差异。相比美女樱，矮牵牛的花色里蓝色成分更多，色调也更加清冷。

暖色调的粉色

暖色调的粉色（以下简称"暖粉色"）都带有黄色元素，黄色的比重越大就越接近浅橙色和杏色。黄色的"基因"也使暖粉色成为粉色系色彩中唯一可以与浅黄色和谐共存的颜色。很多花卉之所以看起来呈暖粉色是因为它们有橙黄色调的花心，比如松果菊和岩蔷薇。另有一些植物的暖粉色调来源于"异色共存"，比如某些忍冬，在同一个花头上开有黄色和粉色两种颜色的花，所以整体看来是暖粉色的。在花园中，暖粉色算是难以把握的色彩之一，因为带有这种色彩的花朵大都会随着生长改变颜色，往往在花苞时颜色最深，随着花朵绽放颜色慢慢消褪。比如一些月季花（如'阿尔伯丁'），花苞时花朵是橙红色的，盛开后褪变为粉色，还夹带一丝铜黄。正因为这种"韶华易逝"的特点，鲜有合适的植物素材可以提供长久稳定的暖粉色调，所以在大面积的种植组合中暖粉色调不易展现它的独角戏，只能作为配角。

下图：月季'阿尔伯丁'和香忍冬'比尔吉'的色彩搭配堪称完美。后者的花初为粉色，随后逐渐变黄，正是这种色彩与月季花暖粉色中的黄色"基因"相联系，可谓协调整体色彩和谐的纽带。

上左图：在暖粉色毛蕊花'海伦·约翰逊'的映衬下，冷粉色的花烟草和美国薄荷'科巴姆之美'似乎也温暖了起来。美国薄荷的紫色苞片给它的浅粉色花朵提供了一个强烈的衬托，使其在毛蕊花的色彩侵袭下依然能够保持自己的花朵形态。

上右图：萱草'凯瑟琳·伍德贝里'花朵中央呈现明媚的黄色，松果菊顶着深橙色的花心，这些都让它们的粉色花瓣带上了温暖的感觉。

下图：毛蕊花'海伦·约翰逊'的暖粉色穗状花序出现在黄栌'优雅'的深色背景前。

洋红色和深粉色

春季

茂丽海棠‘丰盛’
Malus × *moerlandsii* 'Profusion'

乔木，优秀的海棠品种，生长旺盛，春天开有洋红色花朵，花量巨大，新生叶片亦带有红色调，秋天结有牛血般红色果实。喜全日照环境。H 7.6m，S 6m，Z5。

早花兴安杜鹃
Rhododendron 'Praecox'

灌木，株型紧凑，有轻微芳香，叶片小而呈深绿色，早春开有粉紫色花朵。最宜在中性至酸性土壤中生长，注意倒春寒到来时的保护。H 1.2m，S 1.5m，Z6。

夏季

三角梅
Bougainvillea glabra

生长旺盛的木本攀缘植物，有卵圆形光滑叶片，夏天开有大量花朵苞片，呈浓郁的洋红色。喜全日照环境。H 4.6m，S 4.6m，Z9。

拜占庭唐菖蒲
Gladiolus communis subsp. *byzantinus*

球茎花卉，开有紫红色和洋红色花朵，形态珊珊可爱。可在浅土层中强势地自播繁殖。喜光照。H 75cm，S 15cm，Z7。

铁线莲属
Clematis

下列品种都可以在早春施以重剪以激发夏天的繁盛花朵：‘红杰克

曼’，有天鹅绒质感的单瓣花朵和奶油色花蕊；‘倪欧碧’，有浓郁的紫红色花朵和浅绿色花蕊；‘红衣主教’，有洋红色大花朵。以上品种均为 H 4m，S 4m，Z6。

老鹳草属
Geranium

宿根植物，在花境中的实用价值极高。亚美尼亚老鹳草，有深洋红色花朵和黑色花心，植株呈大丛簇状，由宽阔有裂的优雅叶片构成，有明丽的秋色，H 1.2m，S 1.2m，Z4。血红老鹳草，花朵为深粉色或浅粉色，花期较长，深绿叶片有深裂，植株体量缓缓增长，H 25cm，S 30cm，Z4。

毛叶剪秋罗
Lychnis coronaria

二年生宿根植物，其多权花茎上能持续不断地开出深洋红色单瓣花朵，叶片呈灰色，覆茸毛。喜光照。H 50cm，S 30cm，Z4。

欧锦葵（毛里塔尼亚变种）
Malva sylvestris var. *mauritiana*

宿根植物，若从种子开始繁育，在第一年开的花呈浓郁的紫红色。H 90cm，S 30cm，Z6。

蔷薇属
Rosa

这个色彩范围内优秀的灌木类品种包括：‘樱桃花束’，植株强健、优雅，有垂拱姿态，具丛簇状重瓣花朵，呈深粉色，多刺，H 1.8m，S 1.8m，Z6；‘查尔斯的磨坊’，紫红色的花朵有法国蔷薇典型的浓香，H 1.2m，S 90cm，Z5；‘基安蒂’，有自由绽放的丛簇状花朵，呈浓郁的紫红色，H 1.5m，S 1.5m，Z6；‘威廉·罗伯’，有青苔色花苞，

花朵初开时为紫红色，后慢慢褪为紫灰色（可用木桩固定新枝以获得更多花朵），H 2m，S 2m，Z5。

矮牵牛（萨菲尼亚系列）
Petunia Surfinia cultivars

娇嫩的宿根植物，常作一年生植物用，花朵带有粉色、紫红色或白色，花期贯穿整个夏天。可用作地被植物，或种在花器里营造垂吊效果。施以修剪以安全过冬。H 20cm，S 60cm，Z9。

马鞭草属
Verbena

宿根植物，有众多杂交品种。人们爱其持续不断的开花能力。下列品种均适合用作盆栽、地被和边饰。‘克里奥帕特拉’，有洋红和白色花朵，Z9；‘紫农庄’，有浓郁的洋红色花朵，Z9；‘西辛赫斯特’，花朵为深粉色，Z7。以上品种均为 H 30cm，S 45cm。

中度粉色

春季

欧洲银莲花（圣布里吉德组）
Anemone coronaria St Brigid Group

球茎花卉，有饰边叶片和重瓣/半重瓣大花朵，花色跨度大。喜全日照和半阴环境。H 30cm，S 15cm，Z8。

雏菊（绒球系列）
Bellis perennis Pomponette Series

宿根植物。这个系列的雏菊品种有着多重花瓣，花瓣颜色有红

色、粉色和白色。喜光照。H 15cm，S 15cm，Z4。

玫瑰楝木
Cornus florida f. *rubra*

大灌木或小乔木，适合生长在开阔场地，具播散形态。在春天可见玫瑰色叶片和粉色苞片，新枝亦有红色调。最喜轻微荫蔽环境和无石灰质的深厚土壤。H 6m，S 7.6m，Z7。

仙客来属
Cyclamen

属内相关品种有：小花仙客来，块根大，有漂亮的圆形斑纹叶片和精致花朵，花色在粉色和白色范围内，在类似树林的环境下能够广泛散播，H 10cm，S 15cm，Z5；地中海仙客来，叶片上有大理石云纹，边缘带齿，花瓣有轻微扭曲，喜全阴环境，H 10cm，S 15cm，Z8。

欧亚瑞香
Daphne mezereum

灌木，粉红色花朵有香甜气息，于冬末盛开，先于叶片在枝头生发。适应全日照和半阴环境，喜湿润的碱性土壤。H 1.2m，S 1.2m，Z5。

猪牙花属
Erythronium

具有块根的宿根植物，需要半阴环境和湿润土壤。

属内相关品种有：狗牙堇，绿色叶片上有紫－棕色斑点，开有粉色或淡紫色花朵，花瓣向上反折，H 15cm，S 15cm，Z3；玫红猪牙花，叶片上有轻微斑驳，花茎更高，其上开有精致的粉色花朵，H 30cm，S 15cm，Z5。

1. 地中海仙客来
2. 玫红猪牙花
3. 龙骨葱
4. 大星芹'罗马'
5. 绣球藤'粉玫瑰'
6. 波斯菊'海贝壳'

球花报春
Primula denticulata

宿根植物,圆形花头有白色、蓝紫色和粉色之分,花茎壮实,随着花朵成型亦慢慢伸长。适应全日照和半阴环境,喜湿润土壤。H 30cm, S 20cm, Z6。

郁金香属
Tulipa

球根花卉,需要生长在阳光充足的开阔地带。在此色彩范围内的优秀园艺品种有:'中国粉',百合花形,H 55cm, S 23cm, Z4;'绝世粉红',胜利系郁金香,H 40cm, S 23cm, Z4。

夏季

葱属
Allium

多年生球根花卉,需要一定光照。

适合的园艺品种有:龙骨葱,微小的粉色花朵组成涌泉般造型,H 45cm, S 10cm, Z6;垂头野葱,因低垂的花头而与众不同,花色范围从浅粉色一直到深玫红色,无葱属植物特有气味,H 45cm, S 12cm, Z3。

海石竹
Armeria maritima

常绿宿根植物,线状叶片组成叶丛,粉色花朵有香气。喜光照。H 20cm, S 30cm, Z4。

1. 草莓毛地黄
2. 灰色老鹳草'芭蕾舞女'
3. 蓝目菊'粉色漩涡'
4. 欧洲百合
5. 芍药'美丽碗'
6. 月季'瑟菲席妮·杜鲁安'

大星芹 '罗马'
Astrantia major 'Roma'

丛簇状宿根植物，叶片三裂，粉色花朵花期长。在光照下长势最佳。H 60cm，S 30cm，Z4。

岩蔷薇 '银粉'
Cistus 'Silver Pink'

常绿灌木，清爽的粉色花朵十分怡人，叶片有银灰色调。喜光照。H 1m，S 1m，Z8。

铁线莲属
Clematis

下列攀缘类品种均能适应全日照和半阴环境，喜湿润的碱性土壤。

'包查德伯爵夫人'，花量大，须在冬末施以重剪，H 3m，S 3m，Z6；绣球藤'鲁本斯'，叶片有紫红色调，玫瑰色花朵在春天开放，有香草气味，不需要修剪，H 12m，S 3m，Z6；绣球藤'粉玫瑰'，有相对较大、较多的花朵和叶片，但生长力没那么旺盛，H 7.5m，S 3m，Z6。

醉蝶花
Cleome hassleriana (syn. *C. spinosa*)

一年生植物，花色为玫瑰红色、紫红色或白色。花朵盛开时，朵朵小花犹如翩翩起舞的蝴蝶，十分美观。叶片有香气，茎秆多刺。喜光照。H 1.2m，S 30cm。

石竹属
Dianthus

常绿宿根植物，在阳光充足的开阔地带长势最佳，尤喜白垩土。'派克粉'，具有浓密的叶丛，杂草都难以生长，淡粉色重瓣花朵有香气，H 15cm，S 30cm，Z4；'祖母挚爱'，是现代型粉花品种，花朵中心为白色，边缘为粉色，叶片呈蓝灰色调，H 25cm，S 40cm，Z4。

波斯菊
Cosmos bipinnatus

一年生植物，有羽状叶片和健壮花茎，不同品种的花色徘徊在深深浅浅的粉色和白色之间。需要一定光照和湿润土壤。'帝国粉'，花色呈深粉色。H 1.2m，S 75cm，Z8。

双距花 '红宝石田'
Diascia 'Ruby Field'

半耐寒宿根植物，绿色小叶片组成整洁的垫层，略带铜黄色的粉色花朵自夏天中段起便大量喷涌而出。喜光照和不太干燥的土壤。H 25cm，S 30cm，Z8。

荷包牡丹属
Dicentra

属内优秀的园艺品种有：荷包牡丹，宿根植物，玫瑰色心形花朵垂挂在弯拱花枝上，叶片有优雅分裂，H 75cm，S 50cm；'斯图亚特·布斯曼'，株型较小，有灰绿色叶片，H 45cm，S 30cm。

荷包牡丹最适宜在半阴环境和腐殖质丰富的土壤中生长。Z3。

天使钓竿
Dierama pulcherrimum

常绿宿根植物，有草类植物般的披针形叶片和深粉色钟形花朵，花朵于夏末出现在高高的细长花茎顶端。喜有遮蔽的向阳环境和湿润土壤。H 1.5m，S 90cm，Z7。

毛地黄属
Digitalis

属内优秀的园艺品种有：毛地黄，二年生植物，开有粉色、紫红色或白色的长钉状花序，花序内部亦有斑驳色彩，H 1.5m，S 45cm，Z3；草莓毛地黄，若在花期后进行分株能表现出宿根特性，花序短小许多，花朵呈"浅黄-粉"复合色调，H 60cm，S 30cm，Z4。

以上两种毛地黄均在半阴环境和湿润土壤中长势最佳。

松果菊
Echinacea purpurea

宿根植物，于夏末开有健硕的雏菊状花朵，花朵中心部分引人注目。喜光照环境和腐殖质丰富的土壤。'莱彻斯特恩'是其优秀的园艺品种。H 1.2m，S 45cm，Z4。

老鹳草属
Geranium

宿根植物，在花境营造中价值巨大。

优秀的园艺品种有：灰色老鹳草'芭蕾舞女'，灰绿色叶片组成整洁的圆丘状丛簇，相对较大的粉紫色花朵上有深色脉络，喜排水良好的土壤，H 20cm，S 30cm，Z4；杂交老鹳草'克拉里奇·德鲁斯'有致密的叶丛，浓郁的玫瑰色花朵可以持续开放很长时间，生长旺盛，能够在地面上迅速蔓延，H 90cm，S 90cm，Z3；杂交老鹳草'马维斯·辛普森'，银粉色花朵开在四散拖垂的花茎上，绿色有裂叶片质地柔软，有丝绸肌理，H 23cm，S 60cm，Z7；杂交老鹳草'罗素·普利查德'，与前者有相似的叶片，但株型较矮，洋红色花朵在夏天开放，花期较长，H 23cm，S 60cm，Z6。

岩蔷薇 '肉红玫瑰'
Helianthemum 'Rhodanthe Carneum'
(syn. *H.* 'Wisley Pink')

常绿灌木，银灰色叶片组成蔓延状的小丘，于初夏开出大量粉色花朵，花期较短，但层出不穷。喜光照。H 45cm，S 60cm，Z6。

山黧豆属
Lathyrus

　　属内相关品种有：大花香豌豆，宿根植物，有吸附能力并具侵略性，大花朵上带有深洋红色和浅粉色，H 1.5m，Z6；宽叶香豌豆，宿根植物，其健硕丰盛的花朵可以维持很长时间，遗憾的是没有香味，有粉色、淡粉色、深洋红色和白色之选，H 1.8m，S 1.8m，Z5；香豌豆，一年生植物，具有独特的香气，有许多花色可供选择，H 1.8m，S 1.8m。

　　以上几种香豌豆都需要阳光充足的环境和腐殖质丰富的土壤。

花葵属
Lavatera

　　属内有一年生植物和灌木，都需要全日照环境。

　　三月花葵'银杯'，具灌丛形态的一年生植物，开有硕大的喇叭状粉色花朵，花量巨大，令人窒息，H60cm，S 60cm；杂交花葵'粉红'，生长迅速的灌木型植物，有灰绿色叶片，在夏秋季节开有大量花朵，呈轻柔的粉色，H3m，S3m，Z8。

百合属
Lilium

　　球根花卉。适合的园艺品种有：欧洲百合，垂头状花朵有向上反卷的花瓣，花色有鲜红色、粉红色、黄色、白色等，花瓣上亦有斑点，喜腐殖质丰富的土壤，环境条件优良时能够自播繁殖，H 1.2m，Z4；红花鹿子百合，花朵大，有深粉红色和白色斑点，H 1.5m，Z5。另有优秀的杂交品种：'旅程的终点'，花色为深粉色与白色交织，H 1.5m，Z5；粉色完美组，喇叭状粉色花瓣反面呈深洋红色，H 1.2m，Z5。

羽扇豆'腰带'
Lupinus 'The Chatelaine'

　　宿根植物，有漂亮的掌状叶片和壮实的"粉－白"复合色花序。最适宜生长在向阳环境和排水良好的砂质土壤中。H 1.2m，S 45cm，Z3。

花烟草
Nicotiana × *sanderae*
(syn. *N. alata*)

　　一年生植物，花朵五瓣，有香甜气息，持续整个夏天大量开放。在日照下长势最好。H 75cm，S 30cm。

蓝目菊'粉色漩涡'
Osteospermum 'Pink Whirls'

　　半耐寒宿根植物，有一缕缕细窄且有香味的叶片，花朵呈柔和的玫瑰色，雏菊花形，从初夏到结霜期持续开放。喜光照。H 60cm，S 60cm，Z9。

高地黄
Rehmannia elata

　　宿根植物，柔软又优雅的有裂叶片形成丛簇，开有和毛地黄类似的巨大花序，花朵呈浓郁的粉色，并带有橙色调花心。H 90cm，S 45cm，Z9。

芍药
Paeonia lactiflora

　　宿根植物，野生原种有硕大的单瓣白色花朵，并有无数黄色花蕊，花瓣有丝绸肌理。经人工培育，花色范围大大扩展，也出现了单瓣和重瓣的多种花型。

　　优秀的粉花品种包括：'美丽碗'，单瓣花；'芭蕾舞女'，浅粉色重瓣花。喜光照环境。H 60cm，S 60cm，Z5。

蔷薇属
Rosa

　　优秀的攀缘类品种包括：'西班牙美女'，生长旺盛，有淡粉色大花，花瓣背面颜色更深，H 6m，S 3.7m，Z6；'瑟菲席妮·杜鲁因'，无刺，粉色花朵有芳香，重复开放，H 2.4m，S 1.8m，Z6。优秀的灌木类品种包括：'复杂'，可牵引作攀缘类用，茎杆呈垂拱状生长，其上布满扁平的单瓣粉色花朵，在夏季中期开放，H 2.1m，S 2.4m，Z5；'尚博得伯爵'，粉紫色花朵有芳香，植株直立性强，H 1.2m，S 90cm，Z5；'雷士特'，花朵形小却颜色灿烂，边缘呈洋红色，H 1.2m，S 90cm，Z6；药用法国蔷薇，有柔软的亮绿色叶片和深粉色花朵，花量大但不重复开，H 90cm，S 90cm，Z5；'罗莎曼迪'，花朵上有粉色和白色的斑点，H 75cm，S 90cm，Z5。

钓钟柳"伊芙琳"
Penstemon 'Evelyn'

　　半常绿灌丛状宿根植物，从夏天中段起开有粉色管状花朵将植株覆盖。喜光照。H45cm，S 45cm，Z7。

宿根福禄考'明亮眼睛'
Phlox paniculata 'Bright Eyes'

　　宿根植物，植株呈丛簇状，强健的花茎顶端开有硕大的粉色花朵，有香甜气息。喜全日照和半阴环境，在湿润土壤中长势最佳。H 1.2m，S 60cm，Z4。

玫瑰叶鼠尾草'贝丝莉'
Salvia involucrata 'Bethellii'

　　宿根植物，绿色叶片有香气，巨大的长钉状花序由明亮的樱桃花朵组成，并带有粉色苞片。喜光照。H 1.5m，S 90cm，Z9。

西达葵
Sidalcea malviflora

宿根植物，有丝绸肌理的花朵开在花茎顶端。'威廉·史密斯'是其优秀的园艺品种。喜光照。H 90cm，S 40cm，Z5。

红花蝇子草
Silene dioica

宿根植物，有清爽的粉色花朵和覆有茸毛的深色叶片。重瓣品种'繁花'有着不拘一格的美感。H 60cm，S 30cm，Z5。

秋季

秋水仙
Colchicum speciosum

球根花卉，开花时没有叶片，平滑反光的巨大叶片在来年春天长出，随后枯萎。喜阳光充足的开阔环境。H 15cm，S 15cm，Z5。

常春藤叶仙客来
Cyclamen hederifolium
(syn. *C. neapolitanum*)

有块根的宿根植物，有精致的粉色或白色花朵，花瓣有反曲，叶片呈心形，其上有银色斑纹，形成肌理。耐日晒，亦可适应荫蔽环境。喜腐殖质丰富的土壤。H 10cm，S 15cm，Z5。

娜丽石蒜
Nerine bowdenii

球根花卉，秋天开有束状花序，由明亮的粉色花朵组成，出现在长长的花茎顶端，其色彩在这么晚的时节出现着实令人激动。喜全日照环境和轻微砂质土壤。H 60cm，S 15cm，Z8。

裂柱莲'赫嘉迪夫人'
Schizostylis coccinea 'Mrs Hegarty'

有地下茎的植物，蔓延形态，叶片细窄，有强健花茎，其上开漂亮的浅粉色花。喜光照和湿润土壤。H 60cm，S 15cm，Z6。

景天属
Sedum

宿根植物，喜光照。适合的园艺品种有：'秋欢'，灰绿色肉质叶片形成健硕的丛簇，另有巨大的花头从浓郁的粉色慢慢转变为红铜色，H 60cm，S 60cm，Z4；'红宝石光芒'，蔓生形态，有深粉红色花朵，H 至多23cm，S 45cm，Z4。

浅粉色

春季

伯氏瑞香'索姆塞特'
Daphne × *burkwoodii* 'Somerset'

半常绿灌木，有小而细窄的叶片，具有香甜气息的花朵于晚春开放。喜全日照环境，土壤不宜干燥。H 1.2m，S 1.2m，Z5。

北美木兰属
Magnolia

乔木或灌木，需要中性至酸性土壤，可耐受一定程度的污染。适合的园艺品种有：洛伯纳星花木兰'伦纳德·梅瑟尔'，纤细的花瓣组成造型优雅的花朵，先于叶片出现在枝头，H 8m，S 6m，Z5；二乔玉兰，横向延展的灌木或小乔木，郁金香形大花朵先于叶片出现，花瓣的白色底色上有紫红色掺杂，H 6m，S 6m，Z5。

多花海棠
Malus floribunda

优雅的乔木，枝条横向延展，早花。花苞时为深粉色，初开时褪为浅粉色，之后结出红色和黄色的小果实。喜全日照环境。H 10m，S 10m，Z4。

郁金香属
Tulipa

球根花卉，喜夏日烘烤。适合的品种有：'天使'，晚花，芍药形花朵上有香气，H 40cm，S 23cm；'优雅女士'，在春天中段开放，百合花形，粉紫色花朵有奶油色边缘，H 45cm，S 23cm；'梅斯奈尔·鲍泽兰'，春天中段开花，苹果花般粉色的花朵上有象牙色交织，H 40cm，S 23cm；'庞杜'，格里克杂交群郁金香，春天中段开花，粉色花朵上有浅黄色和火红色掺入，叶片斑驳，H 30cm，S 20cm。以上所有品种均为 Z4。

夏季

铁线莲属
Clematis

攀缘类植物，喜半阴环境，根部须保持凉爽。

优秀的园艺品种包括：'阿尔巴尼公爵夫人'，有郁金香形小花朵；'如梦'，有淡粉紫色大花朵和紫红色花药，在夏天可以持续3个月开放大量花朵。以上品种均为 H 2.4m，S 90cm，Z5。

双距花属
Diascia

宿根植物，需要一定光照。属内适合的品种有：*D. fetcaniensis*，匍匐的茎杆上被覆圆形小叶片，有疏松的竖直花序，H 40cm，S 45cm，Z8 ；*D. rigescens*，与前者相比株型更为紧实，花茎更硬挺，开银粉色花朵。H 40cm，S 30cm，Z8。

加勒比飞蓬
Erigeron karvinskianus
(syn. *E. mucronatus*)

宿根植物，形态不整齐但别具美感，整个夏天开有小巧的雏菊状花朵。沿着温暖向阳的墙面和台阶种植时能够自播繁殖。H 20cm，S 30cm，Z8。

老鹳草属
Geranium

宿根植物，在花境营造中价值巨大。适合的园艺品种有：皱叶老鹳草 ‘沃格雷夫粉’，小花，半常绿叶片有裂，叶形美观，H 45cm，S 60cm，Z4；巨根老鹳草 ‘英沃森’，优秀的地被植物，丛簇状，叶片有香气，H 38cm，S 60cm，Z4；查坦岛老鹳草，有显著的银色叶片和清爽的粉色花朵，H 10cm，S 25cm，Z8。

萱草 ‘凯瑟琳·伍德伯里’
Hemerocallis
‘Catherine Woodbery’

半常绿宿根植物，浅粉紫色花朵上有红色斑迹，非常芳香。喜全日照环境和湿润土壤。H 70cm，S 75cm，Z4。

猬实
Kolkwitzia amabilis

灌木，拱垂姿态，造型优美，初夏时开大量钟形花朵，有柔和的斑驳感。喜全日照环境。H 3m，S 3m，Z5。

花葵 ‘巴恩斯利’
Lavatera ‘Barnsley’

灌木，灰绿色叶片质地柔软，开大量浅粉色花朵，花心呈红色。喜光照。H 1.8m，S 1.8m，Z8。

忍冬（金银花）‘比利时’
Lonicera periclymenum ‘Belgica’

攀缘植物，开管状花朵，花朵内侧呈奶油色，外侧呈深粉色，在夜晚非常芳香。光照和荫蔽环境均可适应。H 3m，S 3m，Z5。

美国薄荷 ‘科巴姆美人’
Monarda ‘Beauty of Cobham’

宿根香草植物，有芳香的紫红色调叶片和浅粉色丛状花朵。H 90cm，S 45cm，Z4。

东方罂粟
Papaver orientale

宿根植物，夏季花期后枯萎，所以在确定栽种位置时须谨慎。油纸质感的花瓣从毛茸茸的花苞中绽放。H 90cm，S 90cm，Z4。优秀的园艺品种有：‘希德里克·莫里斯’，有浅淡的暖粉色大花朵，带黑色斑点；‘佩里夫人’，花色呈偏鲑鱼色的粉色调。

钓钟柳 ‘苹果花’
Penstemon ‘Apple Blossom’

灌丛状半常绿宿根植物，开有浅粉色管状花朵，花期可持续整个夏天。在全日照环境下长势最佳。H 45cm，S 45cm，Z9。

蔷薇属
Rosa

优秀的攀缘类品种包括：‘阿伯丁’，带有黄铜色调的粉色花苞在开放后变为偏鲑鱼色的浅粉色调，并有水果香气，H 5m，S 3m，Z6；

‘布拉瑞二号’，花色呈贝壳粉色，易受霉病影响，H 3.5m，S 1.8m，Z6；‘弗朗西斯·莱斯特’，极浅粉色的单瓣花聚合成簇，有强烈香气，耐荫蔽，适合攀附树木生长，H 4.5m，S 3m，Z7；‘新曙光’，有造型优美的浅粉色花朵，耐荫蔽，H 5m，S 5m，Z6；‘保罗喜马拉雅麝香’，众多重瓣小花朵形成帘幕，有香甜气息，H 10m，S 10m，Z5。

优秀的灌木类品种包括：‘天国’，有扁平的贝壳粉色花朵，适合作绿篱用，H 1.5m，S 1.2m，Z4；‘方丹·拉图尔’，是一种形态不拘的古老月季品种，有芳香，花瓣呈螺盘状排布，H 1.5m，S 1.2m，Z5；‘丹麦女王’，花朵形态优美，H 1.5m，S 1.2m，Z4。

美女樱 ‘银色安妮’
Verbena ‘Silver Anne’

娇嫩的宿根植物，拖垂枝条生长迅速，芳香的小花朵聚合成一个个花头。喜光照。H 20cm，S 45cm，Z9。

秋季

孤挺花
Amaryllis belladonna

球根花卉，粉色花朵颜色会逐渐变深，有香甜气息，叶片在开花之后长出，呈宽阔的带状。需要有遮蔽的向阳环境，在凉爽地区沿着向阳墙面种植最佳。H 50cm，S 30cm，Z8。

杂交日本银莲花
Anemone × hybrida (syn.*A. japonica*)

宿根植物，深绿色有裂叶片形成蓬勃的丛簇，其上伸出枝状花茎，顶端开有浅玫瑰色圆形花朵，在暮秋时节可以维持很长时间。适应半阴环境，需要腐殖质丰富的土壤。H 1.5m，S 60m，Z5。

果实

川滇花楸
Sorbus vilmorinii

乔木，叶片形似蕨类植物，在秋天变色，与此同时，枝头上的团簇状果实也从玫瑰色慢慢褪变为粉白色。适应全日照和半阴环境，需要湿润土壤。H 6m，S 6m，Z5。

冬季

十月樱
Prunus × subhirtella 'Autumnalis Rosea'

乔木，整个冬天间歇开花，半重瓣的花朵上带有粉色红晕。H 9m，S 6m，Z5。

杂交荚蒾 '黎明'
Viburnum × bodnantense 'Dawn'

灌木，有拱垂枝条，粉色花朵聚和成簇，极香，花期从初冬开始可以持续很久。适应全日照和半阴环境，土壤不宜太干燥。H 3m，S 1.8m，Z7。

1. 天使郁金香
2. 铁线莲 '如梦'
3. 双距花
4. 萱草 '凯瑟琳·伍德伯里'
5. 猬实
6. 孤挺花

紫色

　　紫色是最浓郁华丽的色彩。在某些文化里，紫色也是阶级、声望和财富的象征，有时还与寄托哀思有关。深暗的紫色可以在花园里营造"沉思"的氛围，其略显忧郁的气质亦可用来中和亮色花朵的过度热情。紫色位于彩虹的最边缘，事实上"山外有山"，只不过我们的眼睛无法接收那个波长的光波信号，即所谓的紫外线。蜜蜂等昆虫可以看见它，这便是它们格外钟情紫色花朵的原因，那些可以反射紫外线的色彩对它们同样有极大吸引力。

　　紫色是一种"冷静"的色彩，几乎与蓝色一样"冷"的调性使它看上去遥远、缥缈，也使它很适合在花境里充当背景色。就像紫罗兰，看上去那么谨慎自持，又谦和无争。紫色还是一种相当"易感"的色彩，任何一点点异色的加入都会对它产生巨大影响，加入一滴红便成为紫红，加入一丝蓝便成为蓝紫，但当我们观察紫红色和蓝紫色时，最先感受到的却是其中的红/蓝成分而非紫色本身。它难以捉摸的"脾气"还体现在园艺摄影中：照片上的紫色花朵通常要比现实中更偏粉色。

　　正因为紫色这种隐忍无争的性格，在色彩搭配中难免会被鲜艳强烈的色调盘剥侵蚀。为了避免这种情况发生，我们可以将紫色系的植物单独组团并增加它们的用量，使色彩效果达到最佳。例如在开深紫色花的老鹳草和飞燕草下面搭配同样是深紫色的角堇——这个紫色组团无论出现在哪个花境里都可以显著地增加层次感。另外，紫色的铁线莲也非常好用，无论是缠在方尖碑支架上散布在花境中，还是爬满后墙充当背景幕帘，都能极好地拓展整个花境的色彩深度。

　　蓝色和冷色调粉色可以与忧郁的紫色形成和谐完美的搭配。紫色角堇可以与冷粉色的传统月季一上一下组合出非常美妙的图景。在乡野花园中，把紫色、粉色和奶油色的彩苞鼠尾草种子充分混合后播撒，开出的花田拥有和谐有度的混合色彩，往里再加入蓝色的飞燕草和矢车菊同样不失雅致。如果你渴望更浓烈的色彩，可以试着用深紫色的花朵与鲜艳的红色或橙色相撞，将得到极具异域情调的色彩感觉——想象一下紫罗兰与鲜红的郁金香搭配在一起的场景。

上图：2种铁线莲生长在木制方尖碑支架上。铁线莲'紫罗兰之星'的花型较小，偏紫红色；铁线莲'蓝珍珠'的花型大，偏蓝紫色。它们身边还伴生着香豌豆。为了与叶片融为一体，园丁把方尖碑支架刷成了深绿色，现在几乎完全被植物覆盖了。

上图：画面前方是紫色矮生有髯鸢尾，它后面的紫芥菜与鸢尾的颜色相同，但在照片里它的色彩有所失真，更偏紫红色。

右上图：紫罗兰、堇菜和2种香豌豆紧密地种在花境的前端，构成了这个春日小景。紫罗兰是这个组合色彩的基调，但香豌豆和堇菜亦有自己微妙的色差，慧眼可辨之。

右下图：蔓生横卧在矮墙上的是铁线莲'超级杰克'，它的色调刚好介于飞燕草较深的紫色和柳叶马鞭草较浅的紫色之间。通常情况下，我们会让铁线莲沿着墙面和栅栏竖直生长，但在花园里还可以让它横向延伸，联结周边色调相近的植物，构成和谐统一的色彩组合。你可以像图中这样利用墙体做支撑，还可以把铁线莲搭在灌木丛上。

　　紫色是色轮上明暗度最低的色彩，也是与黑色最接近的色彩，与它互补的黄色明暗度是最高的。当你尝试搭配这两种色彩时就会发现，相比起色相上的互补，强烈的明暗差异才是两者色彩关系的主导。例如将深紫色天芥蓝与淡黄色雏菊放在一起时，你最先感受到的并不是黄－紫互补色相，而是一明一暗的的亮度对比。为了使黄－紫搭配更加协调，需要选择它们的不饱和色相进行组合，如淡紫色的阔叶风铃草与哑黄色的唐松草，就是更为平衡的组合。

轻柔的紫色

　　根据色相的轻微差异，紫色不饱和的轻柔色调可以形象地命名为"丁香色""薰衣草色"等，另有"苯胺紫"可以视作紫红色的一种不饱和色相。一些紫色花朵会随着生长过程在这个色相范围内逐步转变——紫色渐褪为苯胺紫，又慢慢变成丁香色——仿佛逝去了它的青春年华。光照同样会产生巨大的影响，例如日落后清冷的天光下，或浓重的阴影里，丁香色看起来格外发蓝；暖色的晨昏时分，或弥漫的光尘里，丁香色看起来又带有粉色的色调。

　　紫色本就是隐逸的色彩，它的轻柔色相更加无争，以至人们经常忽略它温文尔雅的魅力，因此可以选择与它近似的色调进行搭配，这样就不必担心它的谦雅被"莽汉"般的色彩惊扰，再通过大量而密集的种植，使淡紫色达到最大的色彩效果——比如香草园里团簇成群的观赏葱、神香草、百里香、鼠尾草和薰衣草。

　　轻柔的紫色还可以柔化硬景的线条。当一堵墙面上开满紫藤花，墙面的巨大实感就开始变得轻盈虚化。在阶梯花坛中，作为边缘绿篱的薰衣草盛开，形成一道连绵的淡紫色"烟霞"，消融了原本笔直生硬的边界线。

下图：石墙和苹果树列之间的这段狭长的空间被开辟为一方香草花园。石墙上攀爬着冷粉色调的藤本月季，它脚下几种淡紫色植物在夏天几乎同时盛开——虾夷葱和它高挑的近亲细茎葱。它们的色彩又与西班牙鼠尾草，以及远处的互叶醉鱼草一串串喷涌的花序相呼应，组合出这个优雅的淡紫色花境。

浓郁的紫红色

在紫色中稍加一丝红色，就会使色彩向紫红色和洋红色偏移。把这个色彩范围内相似却略有不同的紫红色花朵聚在一起，就能得到一片如丝绸般闪亮的浓郁色泽。大花铁线莲无疑是实现这种效果的最佳选择，因为它名下众多品种都具有相似的花型和微差的紫红花色，可供随心组合搭配。鸢尾也是一种很好的素材。可以把色调相近的鸢尾混种在一起，探索紫红色系各种可能的色彩组合。为了使视觉体验更加有趣，在鸢尾花丛里还可以加入花色相似、花型迥异的植物，比如球形花头的紫色观赏葱。

若想在浓郁的紫红色种植区域里创造吸引人的色彩对比，不妨试试呈不饱和黄色的植物，比如偏青柠色的大戟，还有浅柠檬黄色的月见草和毛蕊花。

左图：紫色铁线莲'总统'，花朵形态丰腴，与它伴生的是稍偏洋红色的铁线莲'倪欧碧'。你会发现在浓郁深沉的色系中，只需要一点轻微的色相差异，就能制造出比单一色彩更富生机、更具能量的效果。像这样搭配两种铁线莲时，最好彼此隔开1m左右种植，以免根系争夺养分。

下图：紫色有髯鸢尾与紫红色细茎葱'紫色动感'合奏出色彩的共鸣，又呈现有趣的形态差异。在实际操作中，细茎葱的球根可以见缝插针地间植在鸢尾球根之间，花期过后它们都能在阳光的照射中获益良多。

深紫色与中度紫色

春季

楼斗菜
Aquilegia vulgaris
    宿根植物，长长的花茎上开有奇妙的王冠形花朵。花色种类繁多，有紫色、蓝色、粉色、奶油色等，还有它们混合而成的色彩。喜全日照或半阴环境。H 90cm，S 50cm，Z5。

紫芥菜'骡子博士'
Aubrieta 'Doctor Mules'
    常绿宿根植物，能在石头缝隙间生长，姿态向上的枝叶构成垫状形态。可以用来柔化墙体和台阶的生硬线条。在全日照下长势最佳。H 15cm，S 45cm，Z5。

托氏番红花'紫色怀特维尔'
Crocus tommasinianus 'Whitewell Purple'
    球茎花卉，在全日照下开放，紫色花瓣突显其亮橙色花蕊，若不经干扰，可以在地面上繁扩成自然形态。H 10cm，S 8cm，Z5。

1. 托氏番红花'紫色怀特维尔'
2. 铁线莲'超级杰克曼'
3. 草甸老鹳草'紫色的风'
4. 香豌豆
5. 英国薰衣草'希德寇特'
6. 罂粟

春香豌豆
Lathyrus vernus

一种没有攀缘性的宿根香豌豆。植株呈紧实的小丘状，花色丰富，从浅粉色到奶油色再到紫色。需要腐殖质丰富的土壤和全日照环境，不容易移植。H 30cm，S 30cm，Z5。

郁金香 '小黑人'
Tulipa 'Negrita'

球根花卉，晚花，花朵饱满，姿态高挺。H 50cm，S 23cm，Z5。

堇菜属
Viola

堇菜的野生原种是其最好的紫色品种，除此之外优秀的园艺品种还有：里文堇菜紫叶组，有深紫色叶片，H 10cm，S 20cm，Z2；香堇菜，H 7cm，S 25cm，Z8。以上品种均能适应各种光照环境。

夏季

葱属
Allium

球根花卉，其圆形花头很吸引人，在阳光充足的开阔环境下开放，每个花头由无数单花聚集而成。

优秀的园艺品种包括细茎葱原种和颜色更深的细茎葱 '紫色感觉'。二者均为 H 75cm，S 20cm，Z4。

鹅河菊
Brachyscome iberidifolia

一年生植物，花量大，在盆栽中应用广泛。需要阳光充足且有遮蔽的生长环境。H 45cm，S 45cm。

醉鱼草
Buddleja davidii

灌木，夏末开花，其穗状花序对蝴蝶有巨大吸引力，最好定期修剪枯败的花头使植株保持整洁。喜全日照环境。H 5m，S 5m，Z6。

风铃草属
Campanula

优秀的宿根品种有：阔叶风铃草，大量钟形花朵组成紧实的花簇，H 1.2m，S 60cm，Z4；桃叶风铃草，有高高的尖顶花序，可自播繁殖，H 90cm，S 30cm，Z4。二者均可适应各种光照条件，定期分株可促其生长。

铁线莲属
Clematis

大多数夏季开花的攀缘类品种都喜光照，但根部需荫蔽环境。

'紫罗兰之星'，花朵小，有天鹅绒质感，开于夏末，H 4m，S 4m，Z6；'超级杰克曼'，大花朵，花瓣上有轻微的紫红色条纹，S 3m，Z5；'总统'，大花朵，花瓣有尖，H 3m，S 3m，Z5；'薇妮莎'，H 3m，S 3m，Z6；意大利铁线莲，晚花，开有大量钟形小花朵，H 3m，S 3m，Z6。

翠雀属
Delphinium

宿根植物，某些品种有高高的尖顶花序。例如亚瑟王组、'蜜蜂'、'紫色胜利' 等花朵为蓝色或紫色。宜植于阳光充足的开阔地带。H 1.8m，S 60cm，Z3。

飞蓬 '至暗'
Erigeron 'Dunkelste Aller'

宿根植物，开有大量形似雏菊的花朵，花心黄色。喜全日照环境和湿润土壤，不耐冬季潮湿。H 80cm，S 60cm，Z3。

桂竹香 '紫色鲍尔斯'
Erysimum 'Bowles' Mauve'

宿根植物，蓝绿色叶片形成小丘形态，花期内植株被大量花序覆盖。生命周期相对较短，每隔三四年须通过扦插繁殖新株并移除老株。喜光照。H 75cm，S 1.2m，Z8。

东方山羊豆
Galega orientalis

豆科宿根植物，穗状花序开在紧实的叶丛之上，必要时需插杆做支撑。花后修剪至地面层以促发新叶。宜植于阳光充足的开阔地带。H 1.2m，S 60cm，Z5。

老鹳草属
Geranium

宿根植物，是花境中不可或缺的植物素材，易于生长，抗病性强，可以为裸露地面覆上花簇穿盖。优秀的园艺品种有：华丽老鹳草，需要一定光照，耐受除积水外的所有土壤条件，H 60cm，S 90cm，Z4；克氏老鹳草 '紫色克什米尔'，花朵呈浓郁的紫色，其上有红色脉纹，叶片深裂，H 60cm，S 60cm，Z4；草甸老鹳草 '紫色的风'，有丛簇状重瓣花朵，H 75cm，S 60cm，Z4；林地老鹳草 '五月花'，白色花心使花朵更显明亮，喜荫蔽环境，H 60cm，S 60cm，Z4。

长阶花 '秋日荣耀'
Hebe 'Autumn Glory'

常绿灌木，能为夏末的花境带来一抹紫色。在沿海地区生长旺盛，喜全日照。H 60cm，S 75cm，Z8。

南美天芥菜
Heliotropium arborescens

常绿灌木，靠扦插繁扩，或播种作一年生用。植株娇嫩，有香甜气息，适合种植于盆器、花床中，或置于温室等稳定环境内。喜全日照环境。'玛里娜公主'是其优秀的园艺品种。H 60cm，S 60cm，Z10。

鸢尾属
Iris

具有地下茎的宿根植物，一些高挑的有髯鸢尾品种拥有极深的紫色花朵，近乎黑色。'黯淡挑战者'，地下茎需要阳光照射，尽管花朵维持时间不长，但蓝绿色剑形叶片亦有很高观赏价值。H 90cm，S 45cm，Z4。下面这两种鸢尾喜爱半阴环境和潮湿土壤：玉蝉花'皇家紫'，H 90cm，S 50cm，Z5；燕子花，H 90cm，S 50cm，Z5。

香豌豆
Lathyrus odoratus

攀缘性一年生植物，花量大，从不同的花种批发处可购得紫色、紫红色、淡紫色等丰富多样的花色品种。很有效的做法是：在一个盆器中种植同一花色的香豌豆品种，并插杆做支撑，待长成后连盆一起布置在花境里，形成特定的色彩效果。喜全日照环境和肥沃土壤。H 3m，S 3m。

薰衣草属
Lavandula

具有香气的灌木，叶片带有灰色调，可以把它和其他地中海香草植物一起种下，在夏日收获杂锦般的丰富香气。属内很多娇嫩品种更适合种在盆器内，并在室内过冬。所有品种都喜爱全日照环境，在贫瘠的土壤中生长最佳。优秀的园艺品种包括：法国薰衣草，花序形似小小的发髻，H 45cm，S 45cm，Z8；英国薰衣草'希德寇

特'，有紧实的蓝紫色穗状花序，极香，H 60cm，S 60cm，Z6。

柳穿鱼
Linaria purpurea

宿根植物，纤细的紫色长钉状花序能够提供竖向的线条，在浅层土壤中可以自播繁殖。适应全日照和轻微荫蔽的环境。H 90cm，S 60cm，Z5。

银扇草
Lunaria annua (syn. *L. biennis*)

二年生植物，除了初夏的粉紫色花朵外，薄薄的半透明种荚也是一大观赏点。种荚在花期后出现，一直保存到冬天。喜轻微荫蔽的环境。H 75cm，S 30cm。

罂粟
Papaver somniferum

一年生植物，有多种花色，从近乎黑色的深紫色到浅紫色再到轻柔的粉色，花型上亦有单瓣和重瓣多种形式，结有调料瓶状的种荚。适应全日照和半阴环境，喜湿润土壤。H 75cm，S 30cm。

钓钟柳属
Penstemon

可靠的观花植物，开有形如毛地黄的尖顶花序。大部分品种都需要全日照环境。

优秀的常绿宿根品种包括：红花钓钟柳'紫蔼'，适用于岩石花园，H 30cm，S 30cm，Z4；深紫色的'黑鸟''午夜''乌鸦'，均为 H 60cm，S 40cm，Z9。

蔷薇属
Rosa

优秀的攀缘类品种有：'紫罗

兰'，尤其适用于拱门，与蓝色和紫色植物搭配完美，H 3.7m，S 2.1m，Z6。优秀的灌木类品种有：'雷内的紫罗兰'，H 1.8m，S 1.5m，Z6。

鼠尾草属
Salvia

优秀的宿根品种包括：西班牙鼠尾草，H 60cm，S 60cm，Z8；林荫鼠尾草'东弗里斯兰'，以丛簇状种植效果最佳，H 75cm，S 45cm，Z5；草原鼠尾草，H 90cm，S 45cm，Z6；超级鼠尾草，H 90cm，S 45cm，Z5。

紫叶鼠尾草，是常绿的灌木型香草植物，叶片呈紫红色调，有天鹅绒质感，H 60cm，S 90cm，Z6。

大多数鼠尾草都喜光照。

星花茄 '格拉斯内文'
Solanum crispum 'Glasnevin'

半常绿攀缘植物，有黄色花心，其花朵和土豆的花朵很像。喜全日照。H 6m，S 3m，Z8。

紫毛蕊花
Verbascum phoeniceum

一年生植物或生命周期短的宿根植物，小花朵组成尖顶花序，有多种花色，以紫红色为最佳。喜阳光充足的开阔环境，也耐荫蔽。H 90cm，S 45cm，Z5。

马鞭草属
Verbena

宿根植物，喜光照环境。优秀的园艺品种有：柳叶马鞭草，细长的花茎可形成"框景"，使视线透过，花茎顶端的紫色花头在风中摇曳生姿，能在有阳光照耀的小路和台地上自播繁殖 H 1.5m，S 50cm，Z9；刚硬美女樱，常作一年生植物用，花茎更短，

花色更偏粉，其余部分和柳叶马鞭草相似，H 60cm，S 30cm，Z8。

堇菜属
Viola

优秀的常绿宿根品种包括：'紫色亨特康博''玛姬·莫特''维塔'，均为 H 25cm，S 40cm，Z4；'亨利王子'是色彩最深的堇菜品种，近乎黑色，株型更小，H 15cm，S 25cm，Z4。

优秀的一年品种有：'泛紫'，在气候温和的地区花朵可以持续绽放整个冬天，H 25cm，S 25cm，Z4。

所有品种均能适应各种光照条件，喜凉爽环境。

秋季

紫珠 '丰盛'
Callicarpa bodinieri var. giraldii 'Profusion'

灌木，结有大量紫色小果实，在秋季的黄叶氛围中格外突出。喜全日照环境。H 1.8m，S 1.6m，Z6。

阔叶山麦冬
Liriope muscari

有地下茎的常绿宿根植物，圆形小花朵聚合成一簇簇长钉状花序，出现在细长的叶片之间，常用作花境边缘植物。喜光照。H 45cm，S 45cm，Z6。

浅紫色

春季

希腊银莲花
Anemone blanda

有块根的宿根植物，可以在林地边缘的地面上形成自然状貌的浅紫色"花毯"。喜腐殖质丰富的土壤，适应全日照和半阴环境。H 10cm，S 15cm，Z5。

铁线莲属
Clematis

优秀的春花攀缘类品种包括：高山铁线莲，灯笼形单瓣花朵，垂头姿态，有白色花心，H 3m，S 1.5m，Z5；长瓣铁线莲，除半重瓣的花朵形态外其余特征与前者相似，H 3m，S 90cm，Z5。这两种铁线莲都喜爱半阴环境，且都不需要修剪。

托氏番红花
Crocus tommasinianus

球根花卉，是春天最早开放的番红花品种，破雪而出的情形屡见不鲜。在阳光下开放时，其鲜橙色花药将纤弱的花朵点亮，能在阳光充足的地方扩展成自然式"花毯"。H 10cm，S 8cm，Z5。

獐耳细辛
Hepatica nobilis

半常绿宿根植物，叶片三裂，可剪掉老叶以促其开花。花朵呈杯状，有众多花色。喜半阴环境和腐殖质丰富的深厚土壤。H 15cm，S 25cm，Z5。

郁金香属
Tulipa

球根花卉，需要阳光充足的开阔环境，喜夏日烘烤。适合的品种有：'蓝鹦鹉'，呈丁香般的淡紫色，H 60cm，S 23cm，Z3；'丁香色完美'，H 45cm，S 23cm，Z3。

夏季

葡萄叶苘麻
Abutilon vitifolium

灌木，生长迅速，姿态端庄，最好靠着有遮蔽的墙体种植，特别当墙上已有紫藤生长时，两者能形成非常和谐的组合。适应全日照和半阴环境。H 4m，S 2.4m，Z9。

葱属
Allium

球根花卉，有放射状球形花头，喜阳光充足的开阔环境。

优秀的园艺品种有：波斯葱，球形花头呈轻柔的丁香色，H 40cm，S 20cm，Z4；罗森巴氏葱，花茎更长，花头更疏松，H 90cm，S 30cm，Z4；虾夷葱，优秀的花境镶边植物，不止用于香草花园，H 25cm，S 10cm，Z3；斯氏葱，需要有遮蔽的生长环境，有巨大的伞状花序，最大能有45cm宽，H 60cm，S 30cm，Z4。

醉鱼草属
Buddleja

灌木，优秀的园艺品种包括：互叶醉鱼草，初夏开花，通常修剪成规整形态，长长的垂拱枝条上开有紫色花序，H 4m，S 4m，Z6；大叶醉鱼草'南奥'，花序呈微妙的淡蓝紫色，H 3m，S 3m，Z6；大叶醉鱼草'格拉斯内文'，与其他品种相比，娇嫩许多，有灰绿色毡状叶片。以上品种都需要全日照环境，且要在春天施以重剪。

阔叶风铃草 '洛登·安娜'
Campanula lactiflora 'Loddon Anna'

宿根植物，开有淡淡粉紫色花朵，适应各种光照条件。H 1.2m，S 60cm，Z4。

高山飞蓬
Erigeron alpinus

宿根植物，很适合在有阳光照射的墙体和抬升花床上见缝插针地生长。不喜冬季潮湿，也不喜夏日干旱。H 25cm，S 20cm，Z5。

山羊豆
Galega officinalis

宿根植物，花朵上常有淡紫色和白色两种色彩。宜种植于阳光充足的开阔地带。H 1.5m，S 60cm，Z4。

欧亚香花芥
Hesperis matronalis

宿根植物，能够在花境中自播繁殖，有香甜气息。由于生长旺盛需要适当修剪侧枝以免将周边植物淹没。能耐受贫瘠土壤，在全日照下长势最佳。H 75cm，S 60cm，Z4。

马桑绣球（薇罗莎组）
Hydrangea aspera Villosa Group

灌木，有形似蕾丝帽饰边的花头，花朵中央为粉色，外围为淡紫色。喜湿润土壤，全日照和半阴环境均可。H 3m，S 2.7m，Z8。

蔓马缨丹
Lantana montevidensis

常绿宿根植物，花心部分呈清新的黄色，一般作为温室植物，喜全日照。H 1m，S 1.5m，Z10。

补血草
Limonium latifolium

宿根植物，众多微型小花组成轻柔绵密的"云雾"。喜全日照。H 30cm，S 45cm，Z4。

钓钟柳属
Penstemon

因长久的花期而备受喜爱，如果及时剪掉开过的花序还能进一步延长花期。优秀的常绿宿根品种包括：'爱丽丝·辛德利'，丁香色花朵的中央部分呈白色，H 1m，S 60cm，Z9；'斯泰普福德宝石'，花朵呈更深的紫色，H 50cm，S 30cm，Z8；'酸葡萄'，H 40cm，S 30cm，Z8；前域钓钟柳，H 40cm，S 30cm，Z4。上述品种均在光照下长势最佳。

圆叶薄荷木
Prostanthera ovalifolia

常绿灌木，在温室中可以维持很长时间的花期。适宜在全日照或半阴环境中生长。H 1.8m，S 2.1m，Z9。

1. 柳叶马鞭草
2. 紫珠'丰盛'
3. 阔叶山麦冬

鼠尾草属
Salvia

优秀的园艺品种有：土耳其鼠尾草，白色和淡紫色的花朵组成长钉状花序，营造出柔和的氛围，喜光照，在干燥土壤中生长旺盛，H 75cm，S 30cm，Z5；墨西哥鼠尾草，常绿灌木，白色花朵开在紫红色花萼上，使整体呈淡紫色，喜光照，H 60cm，S 60cm，Z10。

丁香属
Syringa

小乔木或大灌木。优秀的园艺品种有：紫丁香，包括无数变种，例如'凯瑟琳·海芙麦尔'和'风中奇缘'，H 3.5m，S 3m，Z4；波斯丁香，精致的花朵竞相开放，有丁香花标志性的香气，H 1.8m，S 1.8m，Z3。以上品种都喜光照和碱性土壤。

唐松草属
Thalictrum

宿根植物，大量微小的花朵组成喷涌形态，纤细又强健的花茎支撑着花朵，仿佛一层浅紫色薄雾悬浮在半空，亦有精致的有裂叶片。需要全日照或轻微荫蔽环境。优秀的园艺品种包括：唐松草，H 1.2m，

S 45cm，Z5；偏翅唐松草，H 1.8m，S 60cm，Z5；紫雾唐松草，H 2.1m，S 75cm，Z5。

紫娇花
Tulbaghia violacia

球根花卉，漏斗形小花组成圆形花头，在花境中容易被形色浮夸的植物抢去风头，种在盆器里效果更好。喜全日照环境。H 60cm，S 30cm，Z7。

苔地美女樱
Verbena tenuisecta

宿根植物，种植在抬升花床和盆器里表现出色，能够从边缘溢出垂下。喜光照。H 40cm，S 75cm，Z9。

角堇
Viola cornuta

花量多产的宿根植物，种在月季下方能形成良好的搭配。植株只要一出现蓬乱迹象就修剪至地面层，这样会促其重新生发新枝并刺激开花。适应全日照和半阴环境。H 40cm，S 60cm，Z4。

1. 獐耳细辛
2. 欧亚香花芥
3. 钓钟柳 '酸葡萄'

紫藤属
Wisteria

攀缘植物，最开始生长缓慢，头十年可能不会开花。喜光照。园艺品种有：多花紫藤，H 9m，S 9m，Z5；中国紫藤，H 30m，S 30m，Z5。两者均开有芳香的"淡紫色－紫色－蓝色"花穗，随后在夏末结出柔软种荚。

冬季

黑叶鸢尾
Iris unguicularis (syn. *I. stylosa*)

常绿宿根植物，有地下茎。此品种更适合丛植而不是孤植。需要生长在阳光充足且有遮蔽的位置，适应石灰质的贫瘠土壤。H 40cm，S 75cm，Z8。

1. 紫娇花
2. 角堇
3. 黑叶鸢尾'玛丽·巴纳德'

左图：英国多塞特郡 Sticky Wichet 花园里，众多淡紫色植物的组合——土耳其鼠尾草、宿根福禄考'弗兰兹·舒伯特'和大花葱。

蓝色

　　蓝色是最"冷"的色彩。试想在盛夏的热浪里，湖水幽蓝闪亮的一瞥便能立刻缓解酷暑难耐。蓝色还暗示着空旷与遥远，正如蓝色的天空在头顶上无限的延伸，缥缈层叠的山脉愈遥远，蓝色愈发浓重。冷静、空旷、遥远——我们可以把蓝色的这些隐喻带进花园。当蓝色的花朵作为花园图景的框架结构时，会给人产生这样的错觉：周围其他色彩似乎都前移了，而蓝色自己却向后退。你可以试着在花境远端边界种上一排蓝色飞燕草，此时空间看起来就像被推远了很多。

　　和绿色一样，蓝色也是花园中最讨喜的色彩，因为它和任何颜色都能良好共存。与色相相近的冷色系色彩搭配时，可以形成柔顺的和谐感，比如与紫色和蓝绿色的组合。在对比色关系中蓝色也不失温文平静的气质，即使面对橙色和明黄色的冲击，蓝色依旧平顺，还能衬托得对方更加鲜艳明亮。

　　与红色不同，蓝色在经过白色的稀释后仍不改本来的特质——浅蓝色的花仍然是蓝色的，也仍然是冷色调的。往蓝色中加入一抹红色会让色调稍稍变暖，加得愈多色彩就愈往紫色和冷粉色靠拢，但调和出的色彩仍为冷色调，这个基本属性不会变。

左图：深蓝色和浅蓝色交织在这片春日球根花毯上。颜色最浅的是蓝条海葱，它的每一片白色花瓣中央都有一道蓝色条纹。仰头向上的星形花朵是雪光花，颜色最深的花簇是葡萄风信子。除了这些，还有许多蓝色球根花卉，比如西伯利亚海葱也非常适合种植在落叶灌木的下方。早春的阳光可以穿过灌木光秃的枝丫，直射在球根花卉的叶片上促进花朵开放，到了夏天灌木浓密的枝叶使正在休眠的球根花卉覆盖在阴影里，加之灌木根系吸干了土壤里的水分——这种荫蔽干燥的环境正是休眠中的球根植物最喜欢的。

第95页左上图：淡蓝克美莲是一种球根花卉，开花时是一串竖直的花序，花序上的每朵小花细看下是星形的。穿梭在其间的是另一种宿根植物——柳叶水甘草。它的淡蓝色花序和克美莲形状相似，但结构要紧凑许多。把这两种花卉种在一起，可为初夏的花园平添一抹淡蓝色的光彩。

第95页左下图：蓝色堇菜与匍匐筋骨草的搭配可谓"天作之合"。它们都能在半荫蔽的环境中繁茂生长，匍匐筋骨草通过枝蔓扩张，堇菜则依靠种子自播。当一方长得太盛压倒对方时，稍加修剪控制便能维持均衡。

第95页右图：这个暮春里的植物组合展现了蓝色花朵与叶片的搭配。3丛蓝叶玉簪中间，宿根植物西亚琉璃草和蓝羊茅风姿绰约。出现在画面右前方的是银香菊。另外，斜刺里窜出的几缕奶油色线条是大穗杯花的花序，它为这个景致带来一丝色调反差，衬托得玉簪叶片愈发幽蓝。这无疑是个相当吸引人的设计，但仍有小瑕疵：这些植物的最适生长条件不尽相同——玉簪、西亚琉璃草和大穗杯花喜潮湿且荫蔽，而蓝羊茅和银香菊则更爱干燥和日晒。

花园中的蓝色元素还可以从叶片处寻得，尽管它们实际上应该算是蓝绿色，而且与蓝色花朵相比，叶片上的蓝色通常会更暗哑一些。为了加强叶片的蓝色调，可以把它置于黄绿色叶片或奶油色花朵的映衬之下。例如蓝绿色叶玉簪与黄色叶玉簪挨在一起时会显得格外发蓝。

　　蓝色在阴影中会显得更蓝更冷，我们可以在花园中充分利用这一现象。在浓郁的树荫里自然式种植蓝花球根和宿根植物，盛开时你能得到一汪"蓝色的池水"。这个意象最初源自野生林地的蓝铃花海，在春天的花园里我们可以将蓝紫色的希腊银莲花、海葱和穆坪紫堇一起种在树下模拟自然林地的美景。到了夏天还可以用耐阴的阔裂风铃草延续这种景观效果。和阴影的作用相反，阳光的照射会让蓝色花朵看起来更暖一些，也会略呈粉色。根据这点可以将蓝色花朵与粉色花朵相伴种在阳光充沛的位置，蓝色冷静的特质可以帮助你在这个温暖的场景中构建起平静的和谐感。

　　当太阳落山后，你会发现蓝色花朵的另一特殊价值——在逐渐变暗的天色中，蓝色和白色比其他颜色留存的时间更长。这是因为我们的眼睛在弱光下对蓝色更加敏感，也因为日落后的天光里本来就带有蓝色调，使得场景中的蓝色物体得到色相的加强。巧妙借用这个原理，我们可以把蓝色和白色的花朵一起种在夏夜乘凉的地方，在漫漫长夜里细细品味色彩的变幻。

全蓝色种植组合

　　光影斑斓的林下，一片蓝铃花海从足底一直延伸到远方，这番景象想必能让你的灵感启航。尽管这种极致纯粹的美感很难在花园中复制，但仍可以借助大量的单一品种，如雪光花或海葱之类的蓝花球根植物，任由它们在地面上恣意蔓延扩散，似是质朴又灵动的自然。

　　与自然式种植截然相反，蓝色似乎极难形成很强的形式感，如果整个花境严格控制在蓝色系花朵和叶片之内，情绪难免太过忧郁。别忘了蓝色是一种缥缈的色彩，很难捕捉和把控。在小尺度上，我们可以将蓝色系花朵组合种植，比如蓝色的婆婆纳搭配堇菜，背后倚靠同样开蓝色花的飞燕草和乌头，这种组合的观赏效果很好，尤其是出现在夏天你最需要一丝清凉的地方。当种植

面积扩大时，情况会发生变化：大量的蓝色将引发视觉疲劳，眼睛会本能地渴望异色的慰藉，或是往里点入黄色和奶油色制造清新的色彩对比，或是增加几抹粉色和紫色营造怡人的色彩和谐。

还可以选择这样的策略：蓝色作为一片种植组合中某个特定季节的色彩基调，固然这片花草季相会随着时节不断变化，但每年到了这一时刻（也只有在这一时刻）蓝色会如约而至并主宰整个场景。你可以用蓝花灌木和攀缘花卉作结构植物，如美洲茶、铁线莲、醉鱼草、绣球、蓝花茛。在这些结构性植物的间隙，可种植蓝花宿根植物作为补充。还可以在其中混入一些异色调花卉制造变化，比如春天点植"挑逗"的黄色洋水仙；酷暑掺入粉色和洋红色的老鹳草，白色和淡紫色的野萝卜花，使色彩呈现清爽的和谐，沁人心脾。

左图：这是一片以黄杨绿篱勾勒边界的花草地，山矢车菊和花葱填充了近端空间。在它们后面是姿态高挺的藿香叶绿绒蒿，也称"喜马拉雅蓝罂粟"。

中图：仔细观察这片蓝色的花境，你会发现洋水仙的叶子——它的黄色花朵已凋谢，黄色与蓝色相映成趣的场面也随之消失。现在的场景里，浅蓝色的堇菜含苞待放，勿忘我的小花还未凋谢，而山矢车菊会陆陆续续地开放直到夏天结束。

右图：这是一处不规则的自然式种植场景。小路远方左侧的灌木是开着浓郁蓝色花朵的美洲茶，与它隔路相对的是一种不常见的蓝花丁香树和一棵雪球荚蒾。画面前方是依靠种子自播的蓝色花葱，与它相伴的是楼斗菜，这个植物品种众多，花朵大都呈蓝色、粉色和紫色。它们背后是一丛丛绿叶，那是蕨类、萱草和铁筷子。再后面，丁香脚下挺立的花朵是暗色老鹳草和大穗杯花。

蓝色

春季

匍匐筋骨草
Ajuga reptans

半常绿宿根植物，闪亮的深绿色叶片形成垫层，开有较短的灰蓝色假穗状花序。适应各种光照条件，是优秀的地被植物。H 10cm, S 40cm, Z4。园艺品种：'紫叶'，叶片呈深紫色，H 15cm, S 40cm, Z4。

心叶牛舌草
Brunnera macrophylla

宿根植物，花朵形态与勿忘我相似，心形叶片同样具有极高的观赏价值。喜轻微荫蔽。H 45cm, S 60cm, Z4。

美洲茶属
Ceanothus

最优秀的蓝花灌木。属内品种有：毡叶美洲茶，常绿灌木，植株呈小丘状，如果没有干扰可以持续不断地开放蓝色花朵，通常贴墙种植，这样可以有效地控制规模并提供冬季防护，喜轻质土壤和半阴环境，H 4m, S 4m, Z9；'普吉蓝'，

1. 匍匐筋骨草 '紫叶'
2. 雪光花
3. 高山铁线莲 '弗朗西斯·里维斯'
4. 西班牙蓝铃花
5. 葡萄风信子
6. 勿忘我 '皇家蓝'
7. 西亚琉璃草
8. 狭叶肺草 '蓝色'
9. 黎巴嫩蓝条海葱

H 6m, S 8m, Z8；'瀑布'，常绿灌木，有浅蓝色花朵和长椭圆形叶片，枝条呈垂拱状，易于修剪塑形，H 6m, S 6m, Z8。

雪光花
Chionodoxa luciliae

早花球根花卉，花朵朝上，有蓝色花瓣和白色花心，在阳光下开放。不经干扰可自播扩散。H 10cm, S 5cm, Z4。

高山铁线莲
Clematis alpine

攀缘植物，植株较小，可以用于盆栽或攀附在贴墙生长的灌木上。优秀的园艺品种包括：'弗朗西斯·里维斯'，长瓣花朵形似张开的长爪；'帕梅拉·杰克曼'，灯笼形花朵有白色花心。均为 H 2.5m, S 2.5m, Z5。

春花龙胆
Gentiana verna subsp. *balcanica*

常绿宿根植物，开有无与伦比的宝蓝色花朵。喜光照，需要排水迅速的腐殖质土壤。H 5cm, S 5cm, Z5。

西班牙蓝铃花
Hyacinthoides hispanica

球根花卉，若不加干扰任其自由生长，可扩散成一丛丛花簇，最终形成一片蓝色的花毯。在花境中有侵略性。喜厚重土壤，需要半阴环境和足够的湿度。H 40cm, S 10cm, Z4。

鸢尾属
Iris

早花球根花卉，优秀的园艺品种包括：大花冬鸢尾，花朵呈深蓝色，H 10cm, S 7cm, Z5；'康塔'，

花朵呈清爽的浅蓝色，H 10cm, S 6cm, Z5。

匍匐木紫草
Lithodora diffusa

灌丛型宿根植物，可以形成一层低矮的蓝色花毯。不喜根部受扰。喜全日照环境和酸性土壤。园艺品种包括'天堂蓝'和浅蓝色的'剑桥蓝'。H 60cm, S 90cm, Z6。

蓝壶花属
Muscari

球根花卉，株型小，开有紧实的穗状花序，需要向阳环境。属内优秀的园艺品种包括：葡萄风信子，H 15cm, S 8cm, Z6；阔叶葡萄风信子，有蓝色花朵和紫色花苞，H 15cm, S 8cm, Z6。

勿忘我
Myosotis alpestris

二年生植物，可自播，但如此繁育几代后花色会逐渐变淡。若想得到最耀眼的蓝色还须每年从园艺商店购买种子。喜全日照，也耐轻微荫蔽。H 15cm, S 30cm, Z6。

西亚琉璃草
Omphalodes cappadocica

宿根植物，蔓生的枝条上开有精美的蓝色花朵，适合在开阔的荫蔽环境里生长。H 20cm, S 25cm, Z6。

匍匐福禄考
Phlox stolonifera

宿根植物，生命周期短，开有淡蓝色花朵，花心呈粉红色。植株呈丛状，十分吸引人，但不会扩散蔓延。园艺品种有：'蓝色山脊'，在落叶乔木脚下能够长成浅蓝色的"花毯"。需要湿润的泥炭质酸性土壤。H 15cm, S 30cm, Z4。

肺草属
Pulmonaria

早花宿根植物，喜荫蔽环境和潮湿土壤。优秀的园艺品种有：狭叶肺草、狭叶肺草'蓝色'和狭叶肺草'蓝色蒙斯泰德'，均开有浓郁蓝色花朵，叶片呈中度绿色，无斑纹，H 23cm，S 30cm，Z4；长叶肺草'伯特拉姆·安德森'，深绿色长叶片上有白色斑点，H 30cm，S 45cm，Z5；伯利恒肺草'春日天空'，花朵呈淡蓝色，H 30cm，S 45cm，Z4。

黎巴嫩蓝条海葱
Puschkinia scilloides var. *libanotica* (syn. *P. libanotica*)

早花球根花卉，需要一定光照。大面积种植形成的效果极佳。花朵精致，花瓣接近白色，上面有蓝色中线，故整体看来呈浅蓝色。H 15cm，S 5cm，Z4。

迷迭香'本尼登蓝'
Rosmarinus officinalis 'Benenden Blue'

常绿灌木，需要一定光照。一般来讲，人们种植迷迭香是为得到它独有的香气，但本品种除了香气外还开有大量蓝色花朵，可以用作花境勾边甚至充当绿篱，若如此使用需要在花后进行修剪，以维持形态。H 1.5m，S 1.5m，Z9。

蓝瑰花属
Scilla

早花球根花卉，宜植于向阳或半阴的开阔地带。园艺品种有：西伯利亚垂瑰花，花朵低垂，呈中度蓝色，H 15cm，S 5cm，Z3；伊朗绵枣儿，花朵呈极浅的蓝色，H 10cm，S 5cm，Z6。

夏季

舟形乌头
Aconitum napellus

有块根的宿根植物，暗蓝色蕾丝帽状花朵组成长穗状花序，叶片有深裂。喜光照，也耐半阴。H 1.5m，S 30cm，Z5。

百子莲属
Agapanthus

宿根植物，长长的花茎顶端有球状花头，由蓝色小花组成，叶片呈带状。喜阳光烘烤，故适合布置在花境前端，或种在向阳的墙脚，抑或用于盆栽置于理想环境。优秀的园艺品种有：铃花百子莲，叶片细窄，有出色的蓝色花朵，H 90cm，S 50cm，Z8；海德伯恩杂交种，花朵稍大，有多种蓝色色相，H 90cm，S 90cm，Z7。

柳叶水甘草
Amsonia tabernaemontana

宿根植物，有纤巧的浅蓝色花头，植株呈圆丘形。花色低调不张扬，分布在大量长圆形至披针形叶片中。种下后几年内不予干扰，可自发长成最出色的形态。喜半阴环境。H 60cm，S 30cm，Z4。

耧斗菜'翰梭蓝铃'
Aquilegia 'Hensol Harebell'

最优秀的蓝花耧斗菜品种。喜光照。H 75cm，S 50cm，Z4。

天蓝牛舌草'洛登保皇党'
Anchusa azurea 'Loddon Royalist'

所有蓝色植物中最可人的花卉之一，浓郁的蓝色花朵组成花序，花量巨大。虽为宿根植物，但生命周期较短，可利用根部组织扩繁。需要一定

光照，不喜冬季潮湿。若想要类似勿忘我那种稍浅的蓝色，可选用园艺变种欧泊，H 1.2m，S 60cm，Z4。

杂交紫菀'蒙奇'
Aster × *frikartii* 'Mönch'

夏末开放的宿根菊科花卉中最优秀的品种之一。花朵的蓝色类似薰衣草的色彩，且有黄色花心，花期长。喜光照和半阴环境。H 70cm，S 40cm，Z5。

蓝靛花（澳洲蓝豆）
Baptisia australis

宿根植物，开蓝色花朵，形如缩小版的羽扇豆，但花序不够紧实，叶片和羽扇豆很像。需要插杆做支撑，喜全日照环境和中性至酸性的深厚土壤，最好任其自然生长不予干扰。H 75cm，S 60cm，Z3。

琉璃苣
Borago officinalis

一年生草本植物，兼具观赏和食用价值，在花园和蔬菜园中都深受欢迎。有清澈的蓝色星形花朵和引人注目的灰色叶片。自播繁殖，结种量大，故有一定的侵略性。喜光照。H 90cm，S 30cm。

醉鱼草'洛琴施'
Buddleja 'Lochinch'

灌木，无数丁香色小花朵聚合成紧实的花头，使整体看来带有蓝色调。叶片略覆茸毛，看起来呈银绿色。喜全日照环境，须在春天施以重剪。H 3m，S 3m，Z7。

淡蓝克美莲
Camassia cusickii

球根花卉，星形蓝色单花组成穗状花序，从带状叶片中伸出。在合适的环境中迅速扩繁，例如在潮

湿的草甸上能形成自然的景观。适应全阴和半阴环境，喜黏质土壤。H 80cm，S 30cm，Z3。

风铃草属
Campanula

宿根植物，有众多蓝花品种，包括：阔裂风铃草，在乔木脚下的地面上可以扩展成地被，荫蔽环境使其蓝色花朵更显浓郁，H 1.2m，S 60cm，Z3；波旦风铃草，整体呈垫状，H 15cm，S 45cm，Z4；垂钓风铃草，与前者相似但花色更淡，花朵呈钟状，蔓延的枝叶会慢慢爬上矮墙，H 15cm，S 45cm，Z3。以上品种均适应全日照和半阴环境。

蓝箭菊
Catananche caerulea

宿根植物，花朵形状与矢车菊很像，在花朵基部有一圈白色苞片，质感似纸。栽种时可像种植香豌豆那样插竿做支撑。在全日照环境和轻质土壤中长势最佳。H 90cm，S 45cm，Z4。

1. 百子莲'蓝色布莱辛汉姆'
2. 蓝靛花'澳洲蓝豆'
3. 波旦风铃草
4. 杜兰铁线莲
5. 蓝刺头'维奇之蓝'
6. 高山刺芹

疆矢车菊属
Centaurea

　　属内优秀的品种包括：矢车菊，一年生植物，尽管有白色、粉色、深紫色等众多花色变种，但浓郁的蓝色原种仍最为人熟知，可及时剪掉枯败的花头促其复开，H 90cm，S 30cm；山矢车菊，宿根习性，扩繁迅速，有侵略性，花朵比一年生品种更大，亦是浓郁的蓝色，更有灰绿色叶片，H 50cm，S 60cm，Z3。上述品种均在全日照环境里长势最佳。

铁线莲属
Clematis

　　优秀的攀缘类品种能适应各种光照环境，但要保持根部环境的荫蔽。上佳之选包括：'海浪'，大花朵，在夏季中段开放，H 3m，S 90cm，Z5；'蓝珍珠'，生长旺盛，花朵大，呈浅蓝色，H 4.6m，S 90cm，Z5；'查尔斯王子'，花朵较小，长势不太旺盛，H 2.4m，S 90cm，Z5。

　　优秀的草本类品种有：大叶铁线莲，H 90cm，S 75cm，Z3；杜兰铁线莲，H 1.8m，S 90cm，Z4。上述品种均可经牵引攀附在灌木上生长。

1. 天蓝牵牛'天堂蓝'
2. 西伯利亚鸢尾
3. 藿香叶绿绒蒿
4. 黑种草
5. 分药花'蓝色尖顶'
6. 桔梗

一年生飞燕草
Consolida ambigua (syn. *C. ajacis*)

与其宿根表亲非常相似，作为一年生植物，区别在于它可以在一季之内完全长成。在开阔的场地上间种在宿根植物中，效果甚佳。需要一定光照。H 60cm，S 30cm。

田旋花
Convolvulus sabatius
(syn. *C. mauritanicus*)

常绿宿根植物，适合用于盆栽。本不是攀缘植物，但可经人工牵引攀缘生长。开有大量漏斗状蓝紫色花朵，H 20cm，S 30cm，Z9。另有园艺变种三色旋花，一年生植物，茶碟形花朵呈浓郁的蓝色，花心部分为明黄色，H 30cm，S 20cm。上述品种均需要全日照环境。

穆坪紫堇
Corydalis flexuosa

宿根植物，有精致的天蓝色花头和精细复杂的有裂叶片。非常适合在落叶乔木下方种植，形成自然效果，大量花朵汇聚时仿佛一汪蓝色的池水。需要疏松的土壤，全阴或半阴环境。H 30cm，S 40cm，Z5。

倒提壶
Cynoglossum amabile

二年生植物，喜光照，有蓝绿色花朵和灰绿色叶片。H 60cm，S 40cm，Z7。

翠雀属
Delphinium

宿根植物，因其灿烂的蓝色花朵成为花境里的明星，可以为夏日的蓝色花境支撑起空间结构，并有众多品种涵盖了蓝色、紫色和白色色相。其中优秀的蓝色品种包括：'黑

骑士'，H 1.8m，S 40cm，Z3；'切尔西之星'，H 1.8m，S 75cm，Z3；中国翠雀'蓝蝴蝶'，常作一年生植物用，H 45cm，S 30cm，Z3；"太平洋"杂交组，H 1.8m，S 40cm，Z3；"夏日天空"组，H 1.8m，S 40cm，Z3。以上品种都需要一定光照。

星花蓝雏菊'圣塔·安妮塔'
Felicia amelloides 'Santa Anita'

常绿灌木，生性娇弱，但很适合用于盆栽或夏日花床。喜全日照。H 30cm，S 30cm，Z10。

蓝刺头
Echinops ritro

可靠的宿根花卉，有紧实的球形花头，表面呈突刺状，由众多微型小花聚合而成，花头高高地挺立在叶丛之上，每片叶子的边缘呈锯齿状。在光照环境和贫瘠土壤中表现最佳。H 1.2m，S 40cm，Z3。

蓝蓟'蓝床'
Echium 'Blue Bedder'

一年生植物，开花时其蓝色花朵会形成一座小丘的形态。但植株外形会随着长势愈发不整齐，而且即使修剪掉残花后也不易复开，所以最好的处理办法是花后整体移除。喜光照。H 30cm，S 20cm。

刺芹属
Eryngium

优秀的宿根品种包括：高山刺芹，花头形似针垫，被灰蓝色的突刺状苞片包裹，H 1m，S 60cm，Z5；奥氏刺芹，苞片形态没那么繁复，H 90cm，S 60cm，Z5；三裂刺芹，花头要小得多，数量也更多，形成花簇，整个花朵部分都弥

漫着蓝色调，H 1.2m，S 50cm，Z5。以上品种均需要一定光照。

老鹳草属
Geranium

可靠的宿根花卉，在花境营造中有巨大价值，适应全日照和半阴环境。

优秀的园艺品种有：'蓝色约翰森'，叶片有裂，蓝色的圆形小花团聚成可爱的小丘形态，H 30cm，S 60cm，Z4；草原老鹳草'肯德尔夫人'，花朵呈极浅的蓝灰色，有粉色花蕊，H 60cm，S 60cm，Z4；草原老鹳草'全蓝'，有中度蓝色的重瓣花朵，H 75cm，S 75cm，Z4。

木槿'蓝鸟'
Hibiscus syriacus 'Oiseau Bleu'
(syn. *H. s.* 'Blue Bird')

灌木，蓝色花朵的中心呈洋红色，可成排种植并修剪成绿篱。喜光照。H 3cm，S 2m，Z6。

绣球'蓝波'
Hydrangea macrophylla 'Mariesii Perfection' (syn. *H. m.* 'Blue Wave')

灌木，最喜半阴环境和湿润土壤，花头形如优雅的蕾丝帽。若要保持蓝色花色需要土壤呈酸性，在中性和碱性土壤中花朵会变为粉色。H 2m，S 2.4m，Z6。

西洋牵牛'天堂蓝'
Ipomoea tricolor 'Heavenly Blue' (syn. *I. rubrocaerulea* 'Heavenly Blue')

生长迅速的一年生攀缘植物，漏斗形花朵呈浓郁的蓝色，花朵通常只能持续绽放一个早上，转瞬即逝的特性使其更显灿烂。需要全日照环境。H 3m，S 3m。

鸢尾属
Iris

有地下茎的宿根花卉。以下品种均须生长在向阳环境和湿润土壤中：矮生饰冠鸢尾，株型很小，能在砾石地面或岩石花园中扩展成蓝色的花垫，H 10cm，S 30cm，Z3；玉蝉花'至爱'，在水中和沼泽地中生长旺盛，H 1m，S 40cm，Z5；香根鸢尾，常绿，剑状叶片带有蓝色调，H 1.2m，S 45cm，Z4；密苏里鸢尾，需要全日照或半阴环境，不喜被移植，H 75cm，S 40cm，Z3；西伯利亚鸢尾，叶片有玻璃质感，呈团簇状，高高的花茎上开有较小但色彩浓郁的蓝色花朵，H 1.2m，S 45cm，Z4。

蓝亚麻（宿根亚麻）
Linum perenne

宿根植物，细窄的叶片有玻璃质感，形成丛簇，在丛簇的表面开有蓝色茶碟状小花朵，持续整个夏天开花不断。喜光照环境。H 60cm，S 15cm，Z4。

六倍利
Lobelia erinus

一年生植物，非常适合用于花境勾边和盆栽种植（尤其是悬挂于窗外的种植盒）。微小的蓝色花朵能够营造出色的效果。需要湿润土壤、全日照或半阴环境。优秀的园艺品种有：'蓝色瀑布'，呈拖垂姿态，H 20cm，S 15cm；'剑桥蓝'，形态更为紧凑。

绿绒蒿属
Meconopsis

深受喜爱的宿根花卉，对生长环境很挑剔，喜斑驳的阴影和湿润的酸性土壤。属内优秀的园艺品种包括：薔香叶绿绒蒿，H 1.2m，S 45cm，Z5；大花绿绒蒿，H 1.5m，S 30cm，Z5。

喜林草
Nemophila menziesii

一年生植物，蓝色齿轮形小花的中心部位呈白色，使其显得清爽柔和。喜全日照和半阴环境。H 20cm，S 15cm。

荆芥属
Nepeta

宿根植物，叶片香气对猫有巨大吸引力，花朵可以帮助园艺师塑造出蓝紫色的朦胧效果。属内优秀的园艺品种包括：杂交猫薄荷，H 45cm，S 45cm，Z4；具脉荆芥，H 60cm，S 40cm，Z5；大花荆芥，H 90cm，S 90cm，Z4。最受欢迎的当属大花荆芥'纪念安德烈·尚顿'，其株型更矮但花朵更大。'六巨山'，是生长最旺盛的品种，质地柔软，特别适合用来勾勒小径的边缘，花朵枯败后施以重剪，能够以惊人的速度重新长出，H 75cm，S 1.2m，Z4。

以上品种均在光照环境和湿润土壤中表现最佳。

黑种草
Nigella damascene

一年生植物，半重瓣花朵形状奇特，主要由纺锤形萼片构成，其种荚亦有奇特造型，可用来制作干花束。留下一些种荚，它们可以自行播散种子。在光照环境里长势最佳。H 60cm，S 20cm。优秀的园艺品种有：'杰基尔小姐'，H 45cm，S 20cm。

新西兰婆婆纳
Parahebe perfoliate

常绿亚灌木，有蓝绿色卵圆形叶片，从中伸出枝状花序，由众多蓝色小花组成。喜光照环境和泥炭质或砂质土壤。植株柔软易倒伏，需要小心地插杆做支撑。H 45~60cm，S 45cm，Z8。

山麓钓钟柳
Penstemon heterophyllus

多年生植物，园艺品种'蓝宝石'和'天堂蓝'是最出色的蓝花钓钟柳品种，钟状小花组成圆锥形花序，一旦凋谢就连同花茎一起剪掉，这样可以使它连续开花。在光照下长势最佳。H 40cm，S 30cm，Z8。

分药花'蓝色尖顶'
Perovskia 'Blue Spire'

具有香气的亚灌木，灰绿色叶片小而有齿，众多蓝色小花组成圆锥花序，在夏末时节营造出朦胧的色彩感觉。需要全日照环境和排水良好的土壤。H 90cm，S 80cm，Z6。

加州蓝铃花
Phacelia campanularia

一年生植物，有深蓝色钟状花朵，茎杆带有红色调，卵圆形叶片边缘有锯齿。喜光照。H 20cm，S 15cm。

林地福禄考'查特胡奇'
Phlox divaricata subsp. laphamii 'Chattahoochee'

宿根植物，生命周期短，开有丛簇状花朵，花瓣呈淡蓝紫色，花心部分呈深红色。在光照下长势最好。H 40cm，S 30cm，Z3。

同属园艺植物还有小宿根福禄考'蓝丽'，一年生，清爽的蓝色花朵组成圆形花头，在光照下表现最佳。H 15cm，S 10cm。

桔梗
Platycodon grandiflorus

宿根植物，与风铃草是近亲。花单朵顶生，花冠大。喜光照环境和砂质轻土壤。H 45cm, S 45cm, Z4。

花荵
Polemonium caeruleum

多年生植物，自播繁殖，精致的有裂叶片形成团丛，清爽的蓝色花朵成簇开放，亦有黄色花蕊形成对比。喜光照环境。H 60cm, S 60cm, Z4。

蓝花丹
Plumbago auriculata (syn. *P. capensis*)

常绿攀缘植物，在凉爽地区常局限在温室中或夏日盆栽中生长，开有一团团精致的浅蓝色花朵，可以在夏天维持绽放很长时间。喜光照环境。H 6m, S 6m, Z9。

鼠尾草属
Salvia

开蓝色花的鼠尾草通常是多年生或一年生植物。

其中的优秀品种包括：蓝花鼠尾草'维多利亚'，多年生植物，也可作一年生用，深蓝色小花组成圆锥花序，能让人联想起薰衣草，喜光照，H 45cm, S 30cm, Z9；深蓝鼠尾草，多年生植物，灌丛形态，有深绿色叶片，花朵呈浓郁的蓝色，单花形似爪钩，H 1.5m, S 60cm, Z9；彩苞鼠尾草'蓝胡子'，一年生，蓝紫色来自花朵的苞片，能维持很久，花朵本身的色彩并不突出，在光照下长势最佳，H 45cm, S 20cm；龙胆鼠尾草，开有鲜艳的蓝色花朵，需要一定光照，H 45cm, S 45cm, Z9；龙胆鼠尾草'剑桥蓝'，是龙胆

鼠尾草的浅蓝色花变种，H 45cm, S 60cm, Z9。

紫盆花'克利夫·格里弗斯'
Scabiosa caucasica 'Clive Greaves'

宿根植物，圆形花朵由皱褶的花瓣和奶油色花心组成，顶在长长的花茎上随风摇曳。需要一定光照，喜碱性土壤。H 45cm, S 45cm, Z4。

丁香'苍穹'
Syringa vulgaris 'Firmament'

乔木，花色最蓝的丁香品种，有香气。喜全日照或半阴环境。易于修剪以维持形态。H 7m, S 7m, Z4。

婆婆纳属
Veronica

宿根植物，其中最出色的品种包括：透克尔婆婆纳'蓝湖'，非常适合种在花境前端，浓郁的蓝色小花朵中心有些许白色斑点，H 50cm, S 50cm, Z5；龙胆婆婆纳，花朵浅蓝色，H 45cm, S 45cm, Z5；匍匐婆婆纳'蓝色佐治亚'，最近出现的新品种，植株紧凑，开有浓郁的蓝色花朵，H 25cm, S 45cm, Z6。以上品种均需要一定光照。

堇菜属
Viola

有许多优秀的园艺品种可适应各种光照环境。'鲍顿之蓝'，整个夏天持续开花，当花势出现疲态时将植株齐地修剪，给予充足水分和肥料，会再度发芽开花，H 40cm, S 60cm, Z5。

秋季

乌头
Aconitum carmichaelii

宿根植物，深蓝色花朵给秋天

的花园带来许多惊喜。喜光照，也能耐受一定程度的荫蔽。H 1.5m, S 90cm, Z3。

蓝花莸
Caryopteris × *clandonensis*

小灌木，有蓝绿色卵圆形至披针形叶片，清爽的蓝色花朵构成有尖顶的总状花序，在夏秋开放。优秀的园艺品种有：'天堂蓝'，花朵颜色极深；'邱园蓝'，花色较浅。二者均需要全日照。H 90cm, S 90cm, Z7。

蓝雪花属
Ceratostigma

灌木，叶片在秋季变为橙红色调，与蓝色花朵形成惊艳的对比。优秀的园艺品种包括：蓝雪花，株型矮小，蔓生型，是优秀的地被植物，H 45cm, S 75cm, Z5；岷江蓝雪花'紫金莲'，姿态紧密的灌木，H 1m, S 1m, Z5。

美丽番红花
Crocus speciosus

球茎花卉，蓝紫色花朵中带有鲜橙色花药，先于叶片长出。喜光照。'牛津人'是最优秀的蓝花品种，H 10cm, S 8cm, Z4。

华丽龙胆
Gentiana sino-ornata

常绿宿根植物，蔓生型，开有浓郁的蓝色喇叭形花朵，在山谷地和林缘地生长旺盛。需要无石灰质的土壤，根部须保持凉爽，不耐干燥。H 5cm, S 30cm, Z6。

宽托叶老鹳草'布克斯顿'
Geranium wallichianum 'Buxton's Variety'

宿根植物，蔓生型，蓝色花朵

上有粉色脉络和白色花心。适应各种光照环境和除积水外所有土壤条件。H 30cm，S 90cm，Z7。

天蓝鼠尾草
Salvia uliginosa

宿根植物，暮秋开花，植株细高的形态可以作为"框景"使视线穿过，大量浅蓝色花朵悬停在细弱的花茎之上，随风摇曳。喜光照。H 2m，S 45cm，Z9。

冬季

三色堇'泛蓝'
Viola 'Universal Blue'

一年生植物，在温和地区的冬季开花。适应各种光照环境，推荐在花盆里或花境边缘种植，可以为花园带来难得的冬日色彩。H 20cm，S 20cm，Z4。

1. 乌头'凯尔姆斯科特'
2. 美丽番红花
3. 华丽龙胆

左图：龙胆婆婆纳。

绿色

在花园中，绿色是所有颜色的衬底，但事实上它并不是绝对中性的色彩（绝对中性的色彩应是中度灰色）。绿色会与周边颜色建立色彩关系，比如与它的互补色红色会产生强烈对比，与黄、蓝这些色轮上的毗邻色相会形成和谐的搭配。在纷繁的色彩中，绿色可以带给人平静的心绪，因为它能使人联想到和平与自然。在一些偏头痛的治疗中，患者通过注视绿色叶片可以有效地缓解症状。

当我们感慨花园里没什么色彩时，很可能忽略了绿色——它本身是非常完美的，而且可以给我们带来平和、安宁。在花园造景中，绿色的叶子也比花朵更加实用，它的观赏时间更长，更易维护（只需要偶尔修剪和除草）。如果是常绿植物，其叶片的观赏时间更能持续全年之久。

中度的绿色在色温和明暗度上是非常中性的。在色轮上它刚好落在冷色和暖色的分界处，在明暗调的轴线上也恰处中值。这便能解释为什么绿色的叶片可以作为其他色彩的绝佳过渡，作为介质缓和浓艳色调的冲突。有些植物叶片呈暗调的深绿色，它们与浅色花朵相遇时可以作为背景很好地衬托后者。当遇到紫色、紫红色、深蓝色等暗色花朵时，深绿色的叶片又能与它们完美地融为一体。

相比其他色彩，绿色赋予园艺师更多的选择。色相上，从早春初生嫩叶的新绿，到欧洲红豆杉近乎黑色的深绿；从金叶女贞明亮的黄绿色，到蓝叶玉簪的蓝绿色。在形态、大小和肌理上，绿色更有无穷无尽的变化。叶片形式从芒草一缕缕纤细带状的披针叶，到岩白菜如耳翼般支棱坚挺的心形叶，再到蕨类植物如金属掐丝工艺一般的羽状叶。肌理变化范围亦是从绵软覆毛、如绒毡般的毛蕊花叶子，至革质油亮、硬边卷折的冬青叶。

使用带斑纹的叶片可以给绿色带来层次变化。可用的素材包括鸢尾叶片上的白色条纹、肺草叶片上的斑点、红瑞木叶片上的白色印渍、海芋叶片上的大理石云纹，还有某些玉簪叶片边缘的金色或银色镶边等。这些异色的斑纹可以打破绿色的均匀分布，也能让叶片的形式感产生更细微的变化：观察一片有绿白相间条纹的叶子时，就像同时看到几片叶子并立；叶片上的浅色斑点就像是阳光滤过后洒下的点点光晕——借用这个隐喻，多种植带斑点的植物（如某些玉簪）在花园的荫蔽角落，可以创造光影斑驳的的意象。

带斑纹的叶片也为精微的色彩呼应创造了许多可能性。你可以把银边玉簪和花瓣带有绿白相间条纹的郁金香种在一起，形成白色的视觉联系。另一个例子中，带有黄色印迹的金心常春藤和甘青铁线莲一同攀缘在网格支架上，后者的黄色花朵与前者叶片上的黄色斑迹交相辉映。

右图：种在红陶花盆里的香草植物与观赏草组合出这一方绿意盎然的"织锦"。金叶粟草和茴香种在最前面的盆器中，后面是金叶亮绿忍冬。一个微型黄杨球下面种着金边百里香，对面的另一个微型黄杨则与立浪草伴生在一起。银边冬青挺立在后面，在它脚下种植着银叶艾菊。

使用带斑纹的叶片时需要格外注意一点，那就是它们通常不如无斑纹的原生品种强健。因为许多斑纹实际上是病毒作用的结果，这就使得生有这种叶片的植株相对娇弱许多，我们使用时须有节制。另外，我们知道植物通过叶绿素将阳光转化为维持生命的能量，而叶片上增加的异色斑纹也意味着叶绿素含量的降低，所以这些叶片有斑纹的植物需要更多的光照。

拥有如此广泛的叶片可供选择，以致我们常会忘记还有一个绿色素材——绿色花朵。新手们总是习以为常地忽略它们，但随着园艺热情的增强，他们终会发现绿色花朵蕴藏的特殊魅力。像绿叶一样，绿色花朵在植物组合中非常实用，可以与任何色彩的花朵良好搭配，还能夹在强烈鲜明的花色对比中提供有效的缓冲。

左图：金叶蛇麻穿梭在金边玉簪的叶片之间。这是一对很漂亮的植物组合，叶形迥异但有色彩联系。遗憾的是在现实中恐怕不能维持太久，因为蛇麻的生长太过旺盛，用不了多久就会把玉簪完全遮盖住。

下图：在这座由安·皮尔斯（Ann Pearce）设计的规整式现代花园中，植物选择严格控制在绿－白色系内。画面前方黄杨的球形造型与建筑旁修剪成云朵状的槭树遥相呼应，也与花坛里的观赏葱一个个白色的小鼓槌花朵产生形状相似的趣味。

绿花铁筷子是初春最早盛开的花卉之一，有时它与雪花莲相伴种植，后者的白色小花上也有一抹绿意与之呼应。再往后，大戟黄绿色的花朵紧跟着银穗树带有绿意的垂吊花序相继出现在花园中。数月之后，羽衣草的绿色小花衬托着夏季花园里的缤纷色彩。在众多一年生草花丛中，有贝壳花和花烟草，它们绿色的花朵只比叶片稍浅一点，却能和银叶麦秆菊柠绿色的叶片构成怡人的色彩组合。

叶片搭配

不依靠花朵也可以营造色彩氛围，因为有大量丰富多样的叶片素材可供调遣，至少在小尺度内它们足以胜任。在探索叶片搭配的无穷可能性时，可以尝试用黄绿色搭配蓝绿色，用铜锈绿搭配银灰，还可以用斑点叶搭配条纹叶。如果想增加叶形和肌理的趣味性，推荐你把轮廓鲜明的叶片放在一起：比如齿状叶和全缘叶、尖刺形和卷曲形、光滑面和毛毡面，不一而足。叶片的优势在于它们比花朵可观赏的时间更久，而且随着季节流转，叶片的色彩还会演变更迭。

左上图：花叶八角金盘闪亮又带有金色镶边的叶片在色调上与小果博落回的蓝绿色叶片形成对比，叶片肌理又与马桑绣球天鹅绒般的叶片相对应。八角金盘的金色斑纹须在充分日照下保持最佳状态。

右上图：掌叶大黄、欧白芷、金叶小白菊、蓝绿叶小果博落回、掌叶橐吾和丝带草组成了这片绿色的"织毯"。须注意几点——掌叶大黄需要较大的生长空间；丝带草的侵略性很强；欧白芷的种荚要及时剪除，不然植株会凋零死亡。

左下图：这个初夏的小花境里，茴香绿色的絮状叶片处在蓝色叶玉簪与金边玉簪中间，柔化了二者的对比，后者的奶油色斑纹还与大穗杯花的长钉状花序构成色彩呼应。

右下图：初夏里花园荫蔽潮湿的一角，叶色泛黄的红盖鳞毛蕨作为视觉枢纽，把杜鹃柔毡状的嫩叶、顶端呈尖角的蓼叶，还有绿色叶片的总状升麻和紫色叶片的紫叶升麻联系在了一起。花叶玉簪装饰性的斑纹叶片出现在组合的底部。

上左图：紫叶朱蕉的叶片和紫叶六倍利的茎从绿色叶丛中穿出，这片绿色叶丛是雨伞草的光滑叶片，以及宽萼苏小巧有细茸毛的叶片，前面的紫叶矾根呼应了紫色的主题。

上右图：银边香根鸢尾绿白相间的条纹叶片，从黑种草细羽丝绒般的叶片中竖直伸出。

下左图：红叶山菠菜的深色叶片与黑种草絮雾状的叶片穿过金叶蛇麻的枝蔓，还有花叶扶芳藤的斑纹叶片。

下右图：观叶甘蓝的浅色叶脉在颜色上呼应着旁边花烟草的浅色小花，也呼应着芒颖大麦草的羽状穗和鼠尾草叶片上的黄绿斑纹。在它们后面，三月花葵和小果博落回的深色叶片使背景色调变暗了。

左上图：夏末的花园盛景。画面前方大叶蚁塔的巨大叶子向上张开，仿佛想要承接住鸡爪槭和七叶树下垂的枝条。它们制造的阴影会让地面层植物生长缓慢。玉簪、蕨类，以及大叶子正在那里争夺仅有的宝贵光线。

左下图：这个初夏植物组景设计得非常巧妙，所用的素材全为宿根植物（许多还是常绿的），给我们展示了如何运用广泛的绿色系色彩。多色大戟的黄绿色花和金叶粟草主导了整个组合的色彩基调，也使西北蒿的银灰色叶片更加突出。这里的大部分植物都喜爱半阴环境，可以形成稳定的色块，其中一些是十分优秀的地被植物。种植细节详见第230页图。

全绿色花园

　　没有颜色可以像绿色这样带给你平和的心绪，即使颜料盘上只有这一种色彩，仍可利用它在花园一角甚至全园创造出绝对的宁静氛围——无论是采用极具结构感的规整式布局，还是形态自由的自然式设计均可。

　　在下图这个规整式花园中，形式感源自稳固的几何结构，对称的布局营造出有序的静谧感。修剪整齐的黄杨绿篱组成了及膝高的绿色迷阵，一些几何体绿植雕塑和常春藤支架为这个场景增加了竖直方向的重音，还有一条长凳布置其间供人静坐沉思。这个花园里只用到很少几种色彩。若想增加色彩层次，可以在绿篱迷阵中填入常绿植物（例如有斑纹的常春藤或富贵草）、银灰色叶片的银香菊，或者将深绿色的欧洲红豆杉修剪成方尖塔碑形替代图中的花叶黄杨造型。如果还觉得不够，可以再往里加入浅色的花朵，把它们种在盆器里，花期一过立刻更换。

　　像蕨类、玉簪等耐阴植物经常出现在自然式的全绿色花园中用来模拟自然的状貌，如第114页第一张图所示。你会发现这张图里没有蓝绿色成分，所见的黄绿色多是阳光照射在嫩叶上形成的色相。虽然这个设计看起来自然至极，但其中包含着大量技巧，还需要付出很多辛劳才能维持欣茂的盛况，其中之一，就是要谨防生长缓慢的植物被周旁旺盛的"邻居"淹没。

下图：一棵巨大的梨树纷纷垂下的银色枝丫形成自由随意的线条，柔化了花园强烈的几何形式感。维持这个规整式花园的结构并不需要太多打理，黄杨球、绿篱和方尖碑造型在每年的生长季节里只须修剪2次。棚架上的常春藤也一样，修剪它防止把栅架的方格造型填满。

深绿色叶

全年观赏

山茶
Camellia japonica

灌木，有反光的革质叶片，有众多花色品种，从纯白到各种粉色调再到红色和深紫色。需要中性至酸性土壤，须保持根部凉爽。H 4.6m，S 3.7m，Z8。

英国冬青 '凡托'
Ilex aquifolium 'J. C. Van Tol'

耐寒的灌木，革质反光叶片很少有刺，能结出大量红色果实。可以修剪成紧实的绿篱。适应各种光照环境。H 3.7m，S 3m，Z6。

月桂
Laurus nobilis

有香气的叶片常用于烹饪，有时为了安全过冬可以将其剪至齐地，并施以防护措施，植株在来年会重新长出。园艺品种有狭叶月桂，叶片更细窄，也更耐寒，株型更优雅。喜全日照和半阴环境。H 6m，S 4.6m，Z8。

台湾十大功劳
Mahonia japonica

姿态雄壮的灌木，有深绿色羽状突刺叶片和疏松的总状花序。花序由芳香的柠檬黄色花朵组成，可以从暮秋到来年春天持续绽放很长时间。喜全日照和半阴环境。H 2.4m，S 2.4m，Z8。

中裂桂花
Osmanthus × *burkwoodii*

灌木，有深色革质叶片，可以修剪成紧实的绿篱，在阳光充足的条件下开花。同属植物云南桂花（管花木犀），花朵气息更为香甜。二者均为 H 3m，S 3m，Z7。

阔叶拟女贞
Phillyrea latifolia

姿态优雅的小乔木，有大量革质闪亮叶片。另有狭叶拟女贞，叶片更窄更长，可以修剪成紧实的绿篱或植物雕塑。均需要全日照。H 8m，S 8m，Z8。

葡萄牙桂樱
Prunus lusitanica

形态美观的乔木，需要较大的生长空间，革质叶片刚长出时颜色较淡。可供修剪塑形。能适应各种光照环境和除积水外任意土壤条件。H 6m，S 6m，Z8。

欧洲红豆杉
Taxus baccata

重要的绿篱素材，枝叶深暗而紧密，可为花园支撑起空间结构。耐受重剪。能适应各种光照环境和任意土壤类型。H 9m，S 9m，Z7。

立浪草（杂交石蚕）
Teucrium × *lucidrys*

亚灌木，深色的有齿小叶片聚集成紧实的丛簇，夏末开有大量深粉色小花。可以修剪成矮篱。需要一定光照。H 30cm，S 60cm，Z6。

川西荚蒾
Viburnum davidii

灌木，植株随着生长会慢慢形成具有蔓延姿态的小丘。有深绿色革质反光叶片。组团中至少栽种一棵雄株，这样在冬天就能结出大量亮蓝色果实。需要一定光照。H 1.2m，S 1.5m，Z8。

春季和夏季

平枝栒子
Cotoneaster horizontalis

灌木，若靠着墙面种植枝条可以伸展到很高的位置，深色的小叶片和火红的果实在秋天格外显眼，还能维持很长时间。耐日晒，适应半阴环境。H 50cm，S 1.5m，Z5。

紫彩绣球
Hydrangea sargentiana

灌木，有硕大的天鹅绒质感的叶片，夏天开有平展的白色花朵。耐日晒，适应半阴环境。H 2.4m，S 2m，Z8。

中度绿色叶

全年观赏

铁角蕨
Asplenium scolopendrium

宿根蕨类植物。春天其带状叶片从蜷曲中慢慢张开。需要湿润土壤和半阴环境。H 60cm，S 45cm，Z5。

心叶岩白菜
Bergenia cordifolia

宿根植物，圆形叶片形成丛簇，在冬季转为红色调。荫蔽环境里的优良地被植物。春天开有粉色圆锥花序。适应各种光照环境，能耐受贫瘠土壤。H 45cm，S 60cm，Z3。

锦熟黄杨
Buxus sempervirens

生长缓慢的灌木或小乔木，有革质闪光小叶片，易于修剪塑形，是完美的绿篱植物。需要一定光照，能适应除容易积水外的任意土壤条件。H 5m，S 5m，Z6。

墨西哥橘
Choisya ternate

灌木，有革质三裂叶片，揉碎时有香气，亦有芳香的白色花朵于晚春开放。需要一定光照。H 3m，S 3m，Z8。

淫羊藿
Epimedium pinnatum subsp. *colchicum*

宿根植物，其心形叶片在秋季和冬季呈另一番色彩。冬末将叶片剪除使其精致的黄色花朵显露出来。需要半阴环境和腐殖质丰富的土壤。H 30cm，S 30cm，Z5。

八角金盘
Fatsia japonica

灌木，有硕大优雅的革质掌状叶片，秋天开有白色花序，随后结为黑色果实。非常适合种在有遮蔽的城市花园中，可以躲避冬季冷风的侵扰。适应各种光照条件。H 3m，S 3m，Z8。

1. 铁角蕨
2. 杂交淫羊藿‘淡黄花’
3. 八角金盘
4. 箭叶常春藤
5. 莨力花
6. 雨伞草

滨海山茱萸
Griselinia littoralis

抗风灌木，有茂密的苹果绿色叶片。需要一定光照。H 6m，S 4.6m，Z9。

英国常春藤
Hedera helix

出色的攀缘植物，可用于覆盖墙面或地面，有多种叶片形式和色彩，生长旺盛。适应荫蔽环境和贫瘠土壤。优秀的园艺品种有：箭叶常春藤，H 3m，Z5；'格里希利'，H 5m，Z5。

卵叶女贞
Ligustrum ovalifolium

广受欢迎的绿篱用灌木，能营造出广阔又柔和的绿意，十分讨喜。可以适应各种光照环境和土壤条件，但有光照的环境更有助于其开花。H 3.7m，S 3m，Z6。

蕊帽忍冬
Lonicera pileate

灌木，有扩张习性，叶片小而细窄。实用的地被植物，也可用作矮篱替换黄杨。适应各种光照条件。H 1.2m，S 90cm，Z6。

1. 鳞毛蕨
2. 大茴香
3. 大叶蚁塔
4. 黄山梅
5. 欧亚多足蕨
6. 金碗苔草

桂樱
Prunus laurocerasus

灌木或小乔木，叶片大，适用于绿篱或屏障植物，也可以修剪成锥形和穹顶形，但枝叶并不致密。春天开有白色花序。适应各种光照环境。H 6m，S 9m，Z7。

大穗杯花
Tellima grandiflora

半常绿宿根植物，覆毛的有裂叶片形成蔓延状的丛簇，是很好的地被植物。长花茎上开有淡奶油色花朵，有蜂蜜气息。可以靠自种繁殖慢慢扩张，但无侵略性。需要凉爽的半阴环境。H 60cm，S 60cm，Z4。

蔓长春花
Vinca major

亚灌木，在任意位置都能以极旺盛的生长状态蔓延扩散，有闪亮的绿色叶片和贯穿春季、初夏的亮蓝色花朵。适应各种光照环境和除干燥外任意土壤条件。H 45cm，S 90cm，Z7。

春季和夏季

莨力花
Acanthus spinosus

宿根植物，垂拱的宽阔有裂叶片形成丛簇，夏天开有高高的紫色和白色花朵，有丝绸质感。在全光照环境下长势最佳。H 1.2m，S 1.5m，Z6。

欧白芷
Angelica archangelica

高大的二年生植物，有雕塑般的美感。第二年长出壮实的花茎，顶端开有淡绿色伞状花序。及时将其种头

剪下以免散播到各处。适应各种光照环境。H 2.1m，S 90cm，Z4。

大叶子
Astilboides tabularis
(syn. *Rodgersia tabularis*)

宿根植物，开有乳白色羽状花序，高高地挺立于宽阔的卵圆形叶片之上，叶片宽度能达90cm。需要一定光照，以及湿润土壤。H 1.5m，S 1.8m，Z5。

欧洲鹅耳枥
Carpinus betulus

可以长成壮观的巨树，也可以修剪塑形为绿篱，和山毛榉近似，但叶片更精致、更圆，叶肋更突出。适应光照和半阴环境。H 25m，S 20m，Z5。

雨伞草
Darmera peltata
(syn. *Peltiphyllum peltatum*)

宿根植物，喜沼泽环境，有伞状叶片，粉色花朵于春天先于叶片生发。适应各种光照环境。H 1m，S 60cm，Z5。

鳞毛蕨属
Dryopteris

宿根蕨类植物，需要荫蔽环境和湿润土壤。

属内优秀的园艺植物包括：红盖鳞毛蕨，落叶蕨类，H 45cm，S 30cm，Z8；欧洲鳞毛蕨，半常绿蕨类，H 1.2m，S 90cm，Z2。

杂交淫羊藿
Epimedium × versicolor

宿根植物，有心形叶片，春天新生的叶片带有红色调。全阴和半阴环境里实用的地被植物。在湿润土壤中长势最佳。H 30cm，S 30cm，Z5。

大茴香
Ferula communis

宿根植物，没有香气，植株成巨大的丘形，有精致的深色有裂叶片，夏末开有黄色伞状花序，高达3.7m。需要一定光照。H 2m，S 1.2m，Z7。

茴香
Foeniculum vulgare

宿根香草植物，细丝状叶片有香气。需要阳光充足的开阔环境。H 2m，S 45cm，Z5。

大叶蚁塔
Gunnera manicata

宿根植物，适合种在水边和沼泽环境里，有巨大的叶片和形态奇特的绿色花序。需要向阳位置和湿润土壤。需要遮风，在冬季最冷的月份里还须为其叶冠做额外的防护。H 2m，S 2.4m，Z8。

玉簪属
Hosta

宿根植物，大多数品种在荫蔽的环境和肥沃、湿润的土壤中长势最佳。谨防蜗牛和鼻涕虫侵害。

优秀的园艺品种包括：狭叶玉簪，优良的地被植物，有丛簇状闪亮的深绿叶片，叶片有尖，夏末开有淡紫色花朵，H 45cm，S 75cm，Z3；玉簪，非典型品种，喜光照，有闪亮的淡绿色叶片，在夏末开有芳香的白色花朵，H 60cm，S 1.2m，Z3；紫萼玉簪，有宽阔的深绿色心形叶片，叶肋明显，花朵呈浓郁的紫色，开在丘状叶丛之上，H 70cm，S 90cm，Z3。

黄山梅
Kirengeshoma palmata

优美的宿根植物，适于在半阴

环境里生长，有藤蔓状的绿色叶片和紫红色茎秆，秋天开有哑黄色蜡质花朵。喜湿润的无石灰质土壤。H 90cm, S 60cm, Z5。

荚果蕨
Matteuccia struthiopteris

蕨类植物，其羽状弯拱形叶片盘布在基座之上，宛如羽毛毽子形状。叶片从中心推移慢慢打开，形似鸵鸟羽毛。在湿润甚至沼泽环境里长势最佳，最好设有保护。H 60cm, S 45cm, Z2。

芒草（中国芒）
Miscanthus sinensis

宿根观赏草，细窄且有浅色纵脉的叶片随着时间推移慢慢形成丛簇，秋天开出高挺的柔软花序，经冬不落。H 1.2m, S 45cm, Z5。

欧洲没药
Myrrhis odorata

宿根植物，叶片揉碎时有茴香气味，初夏开有芳香的乳白色花朵。适应各种光照条件。H 90cm, S 60cm, Z4。

欧紫萁
Osmunda regalis

宿根蕨类植物，高大美观，喜荫蔽，也能适应光照环境，需要潮湿但无石灰质的土壤。H 1.8m, S 90cm, Z3。

欧亚多足蕨
Polypodium vulgare

宿根蕨类植物，有中度绿色的深裂叶片，是很好的地被植物。需要半阴环境和排水良好的土壤。H 30cm, S 30cm, Z3。

多育耳蕨
Polystichum setiferum

常绿蕨类植物，通常情况下耐受力很强，即使在干燥土壤中也能保有茂盛的新鲜叶片。H 90cm, S 90cm, Z5。

掌叶大黄
Rheum palmatum

宿根植物，有极富美感的硕大深裂叶片，暗红色花朵组成高挺的总状花序在夏天长出。需要一定光照，以及深厚的肥沃土壤。H 2m, S 2m, Z6。

羽叶鬼灯檠
Rodgersia pinnata

宿根植物，叶肋明显，叶片带有古铜色泽，粉色或奶油色的圆锥花序在夏天开放。适应光照和半阴环境，但需要有所遮蔽，也需要湿润土壤。H 1.2m, S 75cm, Z6。

细叶滇前胡
Selinum tenuifolium

宿根植物，姿态高挺优美，枝叶疏朗，夏天开有扁平的白色伞状花序。喜光照，适应所有排水良好的土壤类型。H 1.5m, S 60cm, Z6。

葡萄属
Vitis

藤本植物，有许多优秀的观赏品种，例如：'布兰特'，叶片在秋天有绚丽色彩；'西奥塔'，深裂叶片引人注目；紫叶葡萄，叶片在秋天变为酒红色。以上品种均需要一定光照，以及肥沃的白垩土。H 7m, S 7m, Z6。

黄绿色叶

全年观赏

金碗苔草
Carex elata 'Aurea'

宿根植物，叶片形成丛簇，春天颜色明亮，到了夏天会变得更绿。喜光照环境和湿润土壤。H 1m, S 1.2m, Z5。

光舞墨西哥橘
Choisya ternata 'Sundance'

灌木，在良好的光线下叶片带有明亮的黄色调，但在强烈阳光的灼射下会被晒伤。最喜半阴环境。H 1.8m, S 1.8m, Z8。

金叶常春藤 '黄油杯'
Hedera helix 'Buttercup'

攀缘植物，心形叶片在光照条件下为黄色，在荫蔽中生长则为绿色。易于修剪。像其他常春藤一样，可以施以重剪避免其疯长。适应各种光照环境，喜碱性土壤。H 2m, S 2.4m, Z5。

金叶女贞
Ligustrum ovalifolium 'Aureum'

灌木，易于修剪塑形。耐阴，但在全日照下生长的叶片色彩最为美丽。H 3.7m, S 3m, Z6。

金叶亮绿忍冬
Lonicera nitida 'Baggesen's Gold'

灌木，叶片小，适合修剪成矮篱或几何体块。叶片在夏天呈黄色，在冬天更绿。需要一定光照。H 1.5m, S 1.5m, Z7。

新西兰麻 '奶油色喜悦'
Phormium cookianum 'Cream Delight'

宿根植物，革质叶片长而疏朗，开有棕黄色圆锥花序，能够与轮廓圆润的植物形成强烈对比。需要光照。H 1.8m，S 30cm，Z9。

屋久岛常绿杜鹃
Rhododendron yakushimanum

灌木，植株紧实，叶片呈革质。叶片正面为深绿色，背面为锈红色，初夏开有浅粉色钟状花朵，花朵成簇。需要半阴环境，适应中性至酸性土壤。H 90cm，S 1.5m，Z5。

金叶欧洲红豆杉
Taxus baccata 'Aurea'

针叶常绿乔木，生长缓慢，易于修剪塑形。耐荫蔽。H 4.6m，S 4.6m，Z5。

春季和夏季

金叶白泽槭
Acer shirasawanum 'Aureum'
(syn. *A.japonicum*)

灌木或小乔木，生长缓慢，有扇形浅黄绿色叶片。在半阴环境中长势最佳。H 6m，S 6m，Z5。

金叶小檗
Berberis thunbergii 'Aurea'

灌木，枝叶致密，在春天呈鲜黄色，夏末时更偏绿色，于初夏开有浅黄色花朵。适应光照和半阴环境，适应除容易积水外的任何土壤条件。H 1.5m，S 1.5m，Z5。

金叶红瑞木
Cornus alba 'Aurea'

灌木，黄色叶片有尖，嫩枝带有红色调。春天宜重剪至地面以促

其生发新枝叶，这样长出的叶片更大，枝条颜色更鲜艳。适应光照和半阴环境。H 3m，S 3m，Z3。

金叶美国皂荚
Gleditsia triacanthos 'Sunburst'

乔木，叶形优雅，初生时呈明黄色。喜光照。H 13m，S 7.5m，Z4。

银叶麦秆菊 '石灰灯'
Helichrysum petiolare 'Limelight'

娇嫩的亚灌木，有白色的覆毛茎杆和黄绿色的茸毛叶片，枝条长，向周围蔓延。可以通过牵引使其形态更具竖直效果。喜光照。H 1.5m，S 1.5m，Z9。

金旗玉簪
Hosta 'Gold Standard'

宿根植物，叶脉深凹，叶片边缘薄，初为绿色，后逐渐变为深黄色。需要半阴环境和湿润的中性土壤。H 75cm，S 75cm，Z3。

金叶蛇麻
Humulus lupulus 'Aureus'

攀缘植物，有裂叶片质地柔软。可用来遮盖不美观的建筑外立面，但有侵略性。适应光照和半阴环境。H 6m，S 6m，Z5。

金叶粟草
Milium effusum 'Aureum'

宿根观赏草，叶片纤细，夏天开有细长的黄色花朵。H 45cm，S 45cm，Z5。

金叶牛至
Origanum vulgare 'Aureum'

宿根香草植物，芳香的有尖叶片形成丛簇，夏天开有不起眼的花朵。

能提供长久的夏日色彩。喜光照环境和碱性土壤。H 25cm，S 60cm，Z4。

金叶山梅花
Philadelphus coronarius 'Aureus'

灌木，株型紧实，春天的叶片带有新鲜的嫩黄色调，初夏开有芳香的奶油色花朵。在全日照下需要遮阳保护。H 2.4m，S 1.5m，Z5。

金叶风箱果
Physocarpus opulifolius 'Dart's Gold'

优秀的黄绿色叶灌木之一，其有裂叶片在春天初生时的色彩效果最佳，初夏开有簇状绿色及白色花朵。需要一定光照，喜酸性土壤。H 4m，S 3m，Z3。

金叶洋槐
Robinia pseudoacacia 'Frisia'

优秀的黄绿色叶乔木之一，有优雅的羽状复叶，色彩不会随时间推移而减褪。需要一定光照，能适应贫瘠干燥的土壤。H 11m，S 6m，Z3。

金叶接骨木
Sambucus racemosa 'Plumosa Aurea'

灌木，金色深裂叶片边缘有齿。于早春把老枝剪至地面层，并施以肥料，这样催发出的新枝叶会带有最浓郁的色彩。喜光照。H 3m，S 3m，Z4。

金焰绣线菊
Spiraea japonica 'Goldflame'

灌木，春天时有壮观的亮橙色叶片，夏末开出深粉色花朵。需要一定光照，喜湿润土壤。H 90cm，S 90cm，Z5。

金叶小白菊
Tanacetum parthenium 'Aureum'

半常绿宿根植物，黄绿色有裂叶片带有香气，持续整个夏天开有喷雾状白色小花。自种繁播。需要一定光照。H 30cm，S 30cm，Z5。

金叶缬草
Valeriana phu 'Aurea'

宿根植物，春天形成莲座状叶丛的黄绿色叶片在随后的夏天里转绿。需要一定光照。H 40cm，S 30cm，Z6。

蓝绿色叶

全年观赏

绿叶熊果
Arctostaphylos patula

中型灌木，枝叶整洁利落，在春天开有粉白色花朵。需要全日照环境和酸性土壤。H 1.8m，S 1.8m，Z6。

尤加利（冈尼桉）
Eucalyptus gunnii

如果不加干预，这个蓝绿色叶的桉树品种能长成大树。也可以通过分枝和修剪使其保持灌木形态，新生的圆形叶片呈蓝灰色，广泛用于花艺。H 25m，S 8m（乔木形态）；H 2.1m，S 2.1m（灌木形态）。Z8。

常绿大戟
Euphorbia characias

直挺的茎杆上长有细窄的蓝绿色叶片，冬末时下垂的枝条重新抬起头，并于顶端开出柠檬绿色花朵，一直持续到初夏，可以将花茎齐地剪除以促进来年生发新的花茎。耐日晒，适应半阴环境。H 1.2m，S 90cm，Z8。

1. 圆叶玉簪
2. 小果博落回 '凯威珊瑚羽'
3. 蜜花

蓝羊茅
Festuca glauca

宿根观赏草，蓝绿色叶丛有金属光泽，适用作花境镶边。H 20cm，S 20cm，Z4。

北美蓝杉 '科斯特'
Picea pungens 'Koster'

大乔木，锥状树形，健实的针状叶呈浓郁的蓝绿色调。适应各种光照环境和任意土壤条件（极度白垩质或极度石灰质的土壤除外）。H 6m，S 3m，Z3。

芸香 '蓝色杰克曼'
Ruta graveolens 'Jackman's Blue'

灌木，有裂叶片呈优雅的蓝绿色，夏天绽放明黄色花朵。春末施以重剪以维持紧密的丘状，亦能减少花量，操作时记得戴手套以免过敏。需要一定光照。H 50cm，S 75cm，Z5。

春季和夏季

蓝叶猬莓
Acaena 'Blue Haze'

常绿植物，蓝绿色调有裂叶片形成垫丛，茎杆呈古铜色，夏天开有棕色毛刺状小花朵。耐日晒，适应半阴环境。H 20cm，S 75cm，Z6。

玉簪属
Hosta

宿根植物，在半阴环境和肥沃、湿润的土壤中长势最佳。

优秀的蓝叶品种包括：'宁静'，蓝绿色心形叶片，紫灰色花朵在夏季开放，H 20cm，S 30cm，Z3；圆叶玉簪，叶片上有很深的凹痕，夏天开花，花朵近乎白色，H 90cm，S 1.5m，Z3。

小果博落回 '凯威珊瑚羽'
Macleaya microcarpa 'Kelway's Coral Plume'

宿根植物，有延伸的根茎，优雅的有裂叶片正面呈蓝绿色，背面近乎白色，夏天开有疏松的珊瑚色羽状花序。喜光照。H 2.5m，S 1.2m，Z4。

蜜花
Melianthus major

宿根植物，蓝绿色叶片有优美的饰边。在寒冷的冬季可以将其重剪至地面层，来年会从基部抽芽，重新长出枝叶。喜光照环境。H 1.2m，S 1.2m，Z9。

滨紫草
Mertensia simplicissima
(syn. *M. maritima* subsp. *asiatica*)

宿根植物，叶片带有非常浓郁的蓝色调，与夏天开放的浅蓝色低垂花束搭配起来十分美丽。适应各种光照环境，需要深厚土壤。H 30cm，S 30cm，Z6。

绿色花朵

羽衣草
Alchemilla mollis

宿根植物，有毛茸茸的圆形叶片，夏天开有柠绿色花序。适用于花境和道路镶边。花期过后及时修剪以促进新叶生发。适应各种光照环境和除积水外任意土壤条件。H 50cm，S 50cm，Z4。

1. 羽衣草
2. 彩凤兰
3. 银穗树 '詹姆斯屋顶'

大星芹
Astrantia major

宿根植物，有裂叶片形成叶丛，从中伸出许多伞形花序，花朵呈怡人的白-绿色，兼带一抹粉色。适应光照和半阴环境。H 60cm，S 45cm，Z4。

灌木柴胡
Bupleurum fruticosum

常绿灌木，深绿色革质叶片作为底色，衬托了其黄绿色伞状花序，花朵可以持续绽放整个夏天。喜全光照。H 1.8m，S 2.5m，Z7。

双色凤梨百合
Eucomis bicolor

球根花卉，夏末开出醒目花序，由大量浅绿色星形小花组成，花朵边缘呈深红色，与宽阔的深绿色叶片形成强烈对比。需要全光照环境。H 45cm，S 45cm，Z8。

大戟属
Euphorbia

开绿色花朵的大戟品种包括：扁桃叶大戟'罗比'，生长旺盛，耐受荫蔽环境和贫瘠土壤，有深绿色莲座状叶丛；常绿大戟，有硕大花朵和蓝绿色常绿叶片，H 90cm，S 90cm，Z7；沼生大戟，需要更深厚的土壤，回报以灿烂的黄绿色花朵，在夏天开放，秋天亦有绚丽的叶片色彩，H 90cm，S 90cm，

左图：科西嘉铁筷子。

Z5；多色大戟，早春演绎出一丛明丽的黄绿色彩，持续性亦佳，H 50cm，S 50cm，Z4；先令大戟，植株强健，夏末开有令人印象深刻的黄色调花头，H 90cm，S 90cm，Z7。

银穗树
Garrya elliptica

灌木，装饰性强，有革质常绿叶片，于冬末开出长长的灰绿色花穗。园艺品种'詹姆斯屋顶'，花穗最长，带有一丝紫红色。最适宜沿着荫蔽的墙面生长，耐受贫瘠土壤。H 5m，S 3m，Z8。

铁筷子属
Helleborus

常绿宿根植物。属内优秀的园艺品种有：科西嘉铁筷子，蓝绿色三裂叶片形成叶丛，冬末开出一簇簇苹果绿色花朵，H 90cm，S 50cm，Z7；臭铁筷子，深裂叶片色彩极为深暗，浅绿色铃状花朵有紫红色边缘，花朵聚合成簇；西菲斯克组，茎杆带有红色调，花朵更大，H 45cm，S 45cm，Z6。以上品种均需要半阴环境和湿润土壤。

冬青叶鼠刺
Itea ilicifolia

常绿灌木，有中度绿色的冬青状叶片，夏末开有大量长长的花穗，散发着甜蜜气息。适应光照和半阴环境。H 3m，S 3m，Z8。

火炬花'绿翡翠'
Kniphofia 'Green Jade'

常绿宿根植物，细长轻薄的叶片形成疏松的叶丛，夏天从中伸出高挺的穗状花序，翡翠色中亦带几丝奶油色。需要全光照环境和湿润

土壤。H 1.2m，S 75cm，Z5。

贝壳花
Moluccella laevis

一年生植物，开有长长的花序，其上布满翡翠绿色花朵，适用作花艺材料。需要全光照环境和肥沃土壤。H 60cm，S 20cm。

烟草属
Nicotiana

宿根植物，常作一年生用，需要一定光照和肥沃土壤。

优秀的园艺品种有：花烟草'柠绿'，开有大量明丽的黄绿色花朵，可维持很长时间，H 60cm，S 20cm；朗斯多夫花烟草，株型挺拔舒展，开有垂头的绿色锥形小花，可以自播繁殖，但无侵略性，H 1m，S 30cm。

绿藜芦
Veratrum viride

宿根植物，带褶痕的鲜绿色叶片非常耐看，另有绿色星形小花聚合成紧实的长钉状花序。需要半阴环境和肥沃土壤。H 1.2m，S 60cm，Z3。

带有白色或奶油色斑纹的绿色叶片

全年观赏

扶芳藤
Euonymus fortune

灌木，通常呈半倒伏状态，在外力支撑下也可作攀缘植物用，在光照下长势最佳。

优秀的园艺品种有：银边扶芳藤，圆形叶片上有白色斑纹，H 90cm，S 1.5m，Z5；扶芳

藤'银皇后'，形态优雅，没有攀缘性，斑纹起初为黄色，后慢慢变为乳白色。H 2.4m，S 1.5m，Z5。

白翠斑常春藤
Hedera helix 'Glacier'

常绿攀缘植物，可以用作背景，叶片上有清晰的灰色和白色斑迹。H 3m，S 3m，Z6。

花叶野芝麻
Lamium galeobdolon 'Florentinum'

宿根植物，根部随着生长向四周扩张，深绿色叶片上有白色斑纹，开开黄色花朵，有一定的侵略性，但控制其在范围内生长也不困难。喜光照。H 25cm，S 45cm，Z5。

春季和夏季

斑叶毛茅草
Holcus mollis 'Albovariegatus'

具有根茎的观赏草，春天和秋天新长出的叶片宛如铺在地上的白毯。只在柔软叶片的中央有细细的一条绿色，蔓延的根茎很浅，容易连根拔起。需要半阴环境。H 25cm，S 45cm，Z5。

意大利魔芋
Arum italicum subsp. *italicum* 'Marmoratum'

块根植物，有闪亮的深绿色叶片，叶脉呈白色，在冬季非常惹人注目，在夏末结出一串串橙红色果实。喜光照或半阴环境。H 25cm，S 30cm，Z6。

心叶牛舌草'白色道森'
Brunnera macrophylla 'Dawson's White'

宿根植物，是优秀的地被素材，硕大的心形叶片边缘有宽阔的乳白色带。春天开花，花朵的形态、颜色都与勿忘我很像。需要半阴环境和湿润土壤。H 45cm，S 60cm，Z4。

银边红瑞木'雅致'
Cornus alba 'Elegantissima'

灌木，浅绿色叶片上有乳白色边缘。早春把半数枝条剪至地面层，这样到冬天可以得到更多红色的枝杆。喜光照。H 3m，S 3m，Z2。

花叶水甜茅
Glyceria maxima var. *variegata* (syn. *G. aquatica* 'Variegata')

有蔓延习性的观赏草，适合种在池边或沼泽中，宽阔的披针叶片上有白色和奶油色条纹。喜全日照，也耐半阴。H 80cm，S 60m，Z5。

玉簪属
Hosta

宿根植物，宜在荫蔽中生长。

优秀的园艺品种有：波缘玉簪，叶片边缘有宽阔的白色色带，呈波浪形卷曲，H 75cm，S 90cm，Z3；银边玉簪，绿色叶片的边缘是一圈宽阔的白色色带，H 60cm，S 60cm，Z3；银边波叶玉簪，植株强健，叶片光滑，叶缘呈奶油色，在夏天开有高挺的淡紫色花朵，H 75cm，S 90cm，Z3。

银边香根鸢尾
Iris pallida 'Argentea Variegata'

有根茎的宿根植物，华丽的剑形叶片上有宽阔的蓝绿色和白色色带，花茎高挺，夏季开有蓝色花朵，需要一定光照。H 60cm，S 30cm，Z5。

银边银扇草
Lunaria annua 'Alba Variegata'

二年生植物，春天开有疏松的白色花序，叶片上有不规则的乳白色斑纹。通过种子繁殖。需要半阴环境。H 90cm，S 30cm，Z6。

花叶芒
Miscanthus sinensis 'Variegatus'

宿根观赏草，带状叶片形成丛簇，叶片上有漂亮的绿白相间条纹。H 1.5m，S 90cm，Z6。

丝带草
Phalaris arundinacea var. *picta*

枝叶密实的观赏草，叶片上有白色条纹。夏天将其剪至齐地，秋天可以长出新叶。需要半阴环境和湿润土壤。H 90cm，S 90cm，Z4。

宿根福禄考'诺拉·利'
Phlox paniculata 'Norah Leigh'

宿根植物，茎杆高挑婀娜，叶片上有奶油色斑纹，夏末开有淡粉紫色花朵。需要一定光照和湿润土壤。H 1m，S 60cm，Z4。

肺草属
Pulmonaria

春天开花的宿根植物。优秀的园艺品种有：长叶肺草，细窄的深绿色叶片上有白色斑点，花朵深蓝色；肺草，心形叶片上有白色斑点，花朵初为粉色，后变为浅蓝色；白色'西辛赫斯特'，开白色花朵。以上品种都是优秀的地被植物，需要保持土壤湿润。均为 H 30cm，S 45cm，Z4。

斑叶玄参
Scrophularia auriculata 'Variegata' (syn. *S. aquatica*)

宿根植物，叶片上有非常漂亮的奶油色斑纹。将其花序剪掉防止结种散播。需要半阴环境和湿润土壤。H 75cm，S 30cm，Z5。

水飞蓟
Silybum marianum

二年生植物，有多刺的深绿色叶片，其上具泼洒状的白色斑迹。可以稳定地自播繁殖。喜光照。H 1.2m，S 60cm，Z7。

带有黄色斑纹的绿色叶片

全年观赏

金边龙舌兰
Agave americana 'Variegata'

宿根多肉植物，有巨大的莲座状叶丛，叶片上有灰绿色和黄色相间的条纹，尖端锋利。适合生长在温暖地区。需要一定光照。H 2m，S 2m，Z9。

斑叶日本苔草
Carex hachijoensis 'Evergold'
(syn. *C. oshimensis* 'E.')

宿根植物，细带状叶片形成密实的丛簇，明黄的叶片底色上有细细的绿色边缘。需要一定光照。H 30cm，S 30cm，Z7。

金黄蒲苇
Cortaderia selloana 'Aureolineata' (syn. *C.s.* 'Gold Band')

宿根植物，带有黄色条纹的叶片形成硕大、茂密的丛簇，夏末开出奶油色的竖直羽状花序。喜光照。H 1.8m，S 1.2m，Z8。

1. 金边龙舌兰
2. 菲黄竹
3. 花叶香根鸢尾

花叶胡颓子
Elaeagnus pungens 'Maculata'

灌木，在冬日的阳光下展示其最美的一面。新生叶片为棕色调，之后变为深绿色，革质，叶片中央部分呈明黄色。需要一定光照。H 3m，S 3.7m，Z7。

金边扶芳藤
Euonymus fortunei 'Emerald Gold'

灌木，优秀的地被植物，小叶片致密排布，叶片上有明黄色斑纹。在有外物支撑时也可作攀缘植物用。喜光照。H 60cm，S 90cm，Z5。

常春藤属
Hedera

攀缘植物，在各种光照环境和土壤条件下都能生长良好，可竖直向上攀爬，也可以用作地被植物在地面上横向生长。

1. 波斯常春藤'硫心'
2. 金边玉簪
3. 斑叶凤梨薄荷

优秀的园艺品种包括：波斯常春藤'登塔塔'，有绿色椭圆形大叶片，乳黄色镶边，Z6；波斯常春藤'硫心'，叶片边缘为深绿色，中央呈深黄色和较浅的绿色，Z6；金心常春藤'波利亚斯科黄金'，叶片整体呈极深的绿色，中央闪耀着一抹黄色，Z5。均为 H 3m，S 3m。

金边枸骨冬青
Ilex aquifolium 'Aurea Marginata'

灌木或小乔木，株型非常紧实，长椭圆形至披针形叶片上有宽阔的乳黄色镶边，红褐色果实。适于修剪塑形。耐日晒，适应半阴环境。H 6m，S 5m，Z6。

菲黄竹
Pleioblastus auricomus
(syn. *P. viridistriatus*)

竹类植物，明黄色叶片上有不规则的绿色条纹。有蔓延习性，但可被控制。需要一定光照。H 1.2m，S 无限定，Z7。

金斑鼠尾草
Salvia officinalis 'Icterina'

灌木，柔软的浅绿色圆形叶片上有黄色斑纹，香气浓烈。需要一定光照。H 60cm，S 90cm，Z7。

花叶蔓长春花
Vinca major 'Variegata'

灌木，根部蔓延生长，使其枝叶能扩展成一面"织毯"，闪亮的深绿色叶片上泼洒着奶油色斑纹，春天开有蓝紫色花朵。需要半阴环境和湿润土壤。H 40cm，S 1.5m，Z7。

春季和夏季

金边红瑞木'思佩'

Cornus alba 'Spaethii'

灌木，叶片上有灿烂的黄色斑纹，冬天有深红色的枝条呈现。喜光照。H 2.3m，S 1.8m，Z3。

白金箱根草
Hakonechloa macra 'Alboaurea'

宿根观赏草，植株扩张缓慢，垂拱叶片形成丛簇，叶片上有奶油色和黄色条纹，秋天变为锈黄色。H 45cm，S 45cm，Z5。

玉簪属
Hosta

宿根植物，适应光照和半阴环境，以及湿润土壤。

优秀的园艺品种包括：金边玉簪，灰绿色叶片上有黄色镶边，夏季中段开有蓝紫色花朵，H 30cm，S 45cm，Z3；圆叶玉簪'法兰西·威廉'，灰绿色褶皱叶片上有宽阔的黄色镶边，淡紫色花朵在夏天开放，H 60cm，S 90cm，Z3。

鸢尾属
Iris

有根茎的宿根植物。优秀的园艺品种有：花叶香根鸢尾，需要生长在向阳位置，剑状叶片上有蓝绿色和黄色相间的条纹，初夏开有高挺的蓝色花朵，H 60cm，S 30cm，Z4；花叶黄菖蒲，适宜在潮湿的土壤中生长，有令人印象深刻的叶片，春天叶片上有宽阔的黄色条纹，随后慢慢转为绿色，黄色花朵在初夏开放，H 1.2m，S 30cm，Z5。

斑叶凤梨薄荷
Mentha suaveolens 'Variegata'

和其他薄荷一样，本植物也具有侵略性，同时也是非常清新的地被植物，叶片上带有乳白色斑

纹。喜光照。H 45cm，S 60cm，Z5。

花叶红雪果
Symphoricarpos orbiculatus 'Foliis Variegatis'

灌木，姿态优雅，小叶片的边缘有不规则的黄色镶边。在全日照下成的色彩效果最佳。H 90cm，S 1.5m，Z3。

带有红色或粉色斑纹的绿色叶片

全年观赏

日本小檗 '玫红光辉'
Berberis thunbergii 'Rose Glow'

灌木，通常情况下叶片刚长出的时候呈纯粹的紫红色，随着季节推进，叶片上慢慢显现出粉色斑纹，其色彩在秋天格外美丽。适应光照和半阴环境。H 1.2m，S 1.2m，Z5。

羽衣甘蓝 '红孔雀'
Brassica oleracea Acephala Group 'Red Peacock'

一年生植物，因美丽的秋季色彩而广受青睐。花朵完全开放之前需要较低的夜间温度，但在严峻的霜雪中花朵会提前凋谢。需要一定光照和肥沃的石灰质土壤。H 45cm，S 45cm，Z7。

紫三叶草
Trifolium repens 'Purpurascens'

半常绿宿根植物，非常适合用作地被植物，其深绿叶片上有巧克力色

斑纹。喜光照。H 12cm，S 30cm，Z4。

春季和夏季

复叶槭 '火烈鸟'
Acer negundo 'Flamingo'

生长迅速的乔木，叶片大，3片一组，绿中泛有粉色，后转为白色。喜光照。H 15m，S 8m，Z2。

狗枣猕猴桃
Actinidia kolomikta

枝蔓缠绕的攀缘植物，叶片大，其上有泼洒般的粉色、白色和绿色交织的色彩，进入夏天后全部变为绿色。喜全日照。H 5m，S 5m，Z5。

鱼腥草 '变色龙'
Houttuynia cordata 'Chameleon'

宿根植物。心形叶片有强烈气味，并有深绿色、红色、黄色和古铜色交织，夏天开有白色单瓣花朵。其根系在潮湿土壤中有侵略性。H 30cm，S 30cm，Z5。

银灰色

银金属在珠宝首饰中常用作衬托，因为它的"倒映"特征可以使自己与周边环境协调一致。银色的特质来自它闪亮的光辉，不仅是色彩——除却光泽的银色就是灰色。银色是一种接近中性的色彩，和白色一样是"惰性"的，但没有白色那么明亮夺目。

在花园中，银色叶片的作用类似银金属在珠宝中的作用：其他色彩的背景衬托。像银叶蒿和银香菊等许多具有银灰色叶片的植物都非常精致，有闪亮的光泽，如巧夺天工的银箔工艺品。而浅灰色的植物看起来却十分柔和，表面像蒙了一层灰似的，比如毛蕊花灰色毛毡一般的叶片。无论银色，还是灰色都比一般绿色叶片色调更浅、明度更高，而且作为中性色彩，银灰色很难与其

下左图：长阶花的白花团簇被两种蒿属植物环绕：叶片如掐丝银饰的银叶蒿'波以斯城堡'和叶片呈尖矛形状的银叶艾。绵毛水苏的毛毡叶片和淡紫色钉状花序给这个组合增添了色彩和肌理的多样性。

下右图：刺苞菜蓟巨大的掌裂状叶片从蓝羊茅和绵毛水苏中耸出。在它背后，银叶灌木胡颓子在摇曳。画面右侧的福禄考马上就要开出白色的花朵。所有银叶植物都喜欢全光照，所以在配置这个植物组合时要慎重安排高大的刺苞菜蓟的位置，不要遮挡住下面的植物，或者可以剪掉它下部的叶片给光线让路。

上图：片石勾勒的花境边缘，蓝羊茅与意大利蜡菊相搭配。这个位置能提供它们最喜爱的干燥且排水良好的环境。

他颜色产生色彩关系，这使得银色植物在花境中可以很好地胜任"调停者"这一角色——如同白色花朵在花境中的作用，但比它存在时间更久。银灰色的叶片可以隔开难以调和的色彩（比如粉色和黄色），作为色彩间的缓冲，其效果甚至比绿叶更胜一筹。巧妙地利用银灰色植物的这个特点，使之在花境里反复出现，能够创造出中性的整体框架，还能在这个中性框架里并行不悖地接纳众多缤纷色彩。

银色还有个特殊的功能——它是洋红色极好的衬托。像亚美尼亚老鹳草和毛剪秋罗这样的洋红色花朵经常让园艺师头疼不已，因为它们的色彩太过强烈，极难搭配，而银叶植物可以让这个问题迎刃而解。除此之外，如果你想制造长久且引人注目的明暗对比，不妨用银叶植物搭配那些色调较深的叶片：紫叶山毛榉、红叶李、紫叶李、紫叶小檗、紫叶榛、紫叶黄栌……

银叶植物还是奶油色、浅蓝色、浅粉色等淡色花朵的好搭档，它们的花色在银色叶片的衬托下显得更加明亮，整体感觉轻柔和谐。如同有白色斑纹的叶片一样，银色叶片在全白色的植物组合中具有极大价值，它本身的高亮度可以加强由白色花朵营造出来的明快氛围；另一方面，银色叶片作为白色和绿色的过渡，可以缓解白色花朵和绿色叶片之间强烈的明暗差异。

一个全部由银色植物组成的组合在小尺度下会是非常吸引人的，但因为银色本身是惰性的且色彩范围很小，故还须借助形态和肌理的差异变化制造足够的视觉趣味。比如让具有深裂叶片的刺苞菜蓟做主角，配以胡颓子皱皱闪动的银色叶片和绵毛水苏羊毛般质感的叶片，才是意趣盎然的组合。

如果不苛求纯粹，在银色中加入少量异色会让花境效果提升良多。适当加入一些蓝色、紫色花卉或蓝绿色叶片（比如芸香和蓝绿叶玉簪），能和银色植物搭配出冷静和谐的氛围，使原本单一的色彩增加许多趣味。一个常见组合是用蓝羊茅搭配意大利蜡菊，后者的银灰色调在蓝绿色的映衬下更加突出。对于灰色植物，你不需要增加强烈色彩，仅用白色和清爽的绿色与之相伴就可以摆脱黯淡，使整体变得明亮锐利。在一个例子中，白色的郁金香挺立在银叶蒿的叶丛中，宛如颗颗珍珠镶嵌在银链上。

当你使用银叶植物时，有一点须谨记在心：它们大都来自干燥地区，所以需要种植在干燥、多日照的环境里。它们的银色光泽源自叶片表面大量细小的白色茸毛，这正是它们的"祖先"为了防止被太阳灼伤进化出的自然特征。尽管如此，欣赏这种银色光泽最好还是在夏日的强光下。银叶蒿和银叶水苏等植物在较弱的光照下会呈现出其他金属的光泽——比如在弱光和阴影中它们是铅灰色的。事实上，在这样的光照条件下它们也不会长得很好，就像在冬日微弱的薄光里一样了无生气。

银灰色

全年观赏

白花春黄菊
Anthemis punctata subsp. *cupaniana*

生长迅速的宿根植物，精致的银色有裂叶片形成矮丘状，开有白色雏菊状花朵，花期过后应及时将花头剪除。需要一定日照。H 30cm，S 60cm，Z7。

蒿属
Artemisia

亚灌木或宿根植物，通常在阳光充足的开阔环境里长势最佳。

优秀的园艺品种有：中亚苦蒿'银色兰布鲁克'，银灰色的深裂叶片有丝绸质感，夏天开有暗黄色微小花朵，聚合成高高的喷射状花序，H 75cm，S 75cm，Z4；树蒿，有漂亮的银色叶片，如金属工艺品，在干燥环境下并靠着温暖的墙面种植，可以长到1.8m高，一般情况下 H 90cm，S 60cm，Z9；'珀维斯城堡'，银色叶片十分优雅，不经常开花，H 75cm，S 90cm，Z6；银叶蒿'莫利'，宽大的有裂叶片覆有银灰色茸毛，适合作地被植物，H 30cm，S 90cm，Z5。

宽萼苏
Ballota pseudodictamnus

亚灌木，从木质化的基部伸出众多枝条，其上布满灰绿色叶片，有毛绒质感。泡沫状花朵沿着枝条在夏天开放。需要全日照环境和排水迅速的土壤。H 60cm，S 90cm，Z8。

千里光'阳光'
Brachyglottis 'Sunshine'
(syn. *Senecio* 'Sunshine')

灌木，呈蔓延状，其灰色枝叶耐重剪，若要避免其铜黄色花朵开放，可以在春天修剪，或在夏天中段修剪，去除已经枯败的花朵。需要全日照环境。H 90cm，S 1.5m，Z8。

银旋花
Convolvulus cneorum

形态整洁的灌木，被覆银灰色细窄叶片，有丝绸质感，开有白色喇叭状花朵，在夏季可维持很久。需要一定日照。H 75cm，S 75cm，Z9。

矮蒲苇
Cortaderia selloana 'Pumila'

宿根植物，细带状叶片边缘锋利，聚合成疏松的丛簇，初秋开有高挺的银白色羽状花序。需要一定日照。H 1.5m，S 1.5m，Z5。

石竹属
Dianthus

灰色常绿叶片形成垫层，其上开有白色、粉色、红色或紫红色的花朵，有强烈的甜美香气。

优秀的园艺品种有：'新娘的面纱'，开白色重瓣花朵；'红色布莱普顿'，深红色花朵上有粉色斑纹；'绿眼睛'，清新的白色花朵有浅绿色花心；'辛金斯夫人'，白色重瓣花朵有浓香；'粉色老丁香'，有深粉色重瓣

1. 银叶蒿'珀维斯城堡'
2. 宽萼苏
3. 矮蒲苇

花朵；'浸酒'，暗粉色花朵上有白色斑纹。以上所有品种均在全日照环境里表现最佳。H 30cm，S 30cm，Z4。

石莲花属
Echeveria

景天科多肉植物，不耐寒，整洁的叶片可以呈现灰色和绿色的莲座形态，有毛绒质感，有时还能反光。橙色或红色的竖直花序向下弯垂，在夏天开放。需要一定日照。H 15cm，S 30cm，Z10。

长阶花 '佩吉'
Hebe pinguifolia 'Pagei'

灌木，形态紧实，有蔓延习性，有铅灰色小叶片。白色花朵组成的小花序于初夏开放。需要一定日照。H 15cm，S 60cm，Z8。

拟蜡菊属
Helichrysum

属内植物有一年生、宿根和灌木多种类别，均在日照下长势最佳。

优秀的园艺品种有：意大利蜡菊，姿态奔放的亚灌木，最好在春天进行修剪以免其细长的黄色花序长出，H 60cm，S 90cm，Z8；银叶麦秆菊，灌木，却经常作一年生用，有蔓延习性，圆叶片呈灰绿色，生长旺盛，可牵引其枝叶竖直生长，H 45cm，S 1.5m，Z9。

薰衣草属
Lavandula

灌木，精致的叶片呈灰绿色，夏季开放的花序有强烈香气。在阳光充足且土壤排水良好的环境中长势最佳。

优秀的粉花品种有英国薰衣草'粉色洛登'等。优秀的蓝花和紫花品种则有：英国薰衣草'希德寇特'、英国薰衣草'蒙斯泰德'，H 75cm，S 75cm，Z6；法国薰衣草，花头由紫色的小花组成，另有头饰形状的突出苞片，其变种白花法国薰衣草，花朵呈白色，H 75cm，S 75cm，Z8。

蓝色异燕麦
Helictotrichon sempervirens (syn. *Avena candida*)

宿根植物，细窄的蓝绿色叶片形成紧密的丛簇。夏天开放的灰色羽状花序在风中摇曳。需要一定日照。H 90cm，S 60cm，Z4。

橙花糙苏
Phlomis fruticose

地中海灌木，灰绿色叶片有毛绒质感，深黄色花朵可以绽放很长时间。需要一定日照。H 1.2m，S 1.2m，Z8。

1. 石竹 '辛金斯夫人'
2. 英国薰衣草

银香菊（薰衣草棉）
Santolina chamaecyparissus

　　灌木，最好在早春进行修剪，以塑成紧凑、整洁的小丘形态。灰绿色叶片有怡人香味，其黄色花朵通常要剪掉。需要一定日照。H 75cm，S 90cm，Z7。

白霜景天
Sedum spathulifolium

　　常绿宿根植物，灰绿色叶片组成紧凑的莲座状，通常还带有一抹红色调，夏末开有黄色星形花朵。适应荫蔽环境。H 10cm，S 30cm，Z5。

银叶千里光
Senecio viravira

　　亚灌木，常作一年生用，有精美的灰绿色毛绒质感叶片，不耐寒。需要全日照环境。H 90cm，S 90cm，Z9。

1. 银香菊（薰衣草棉）
2. 银旋花
3. 玉凤

绵毛水苏
Stachys byzantina (syn. *S. lanata*)

　　木质化宿根植物，天鹅绒质感的叶片形成垫层覆盖住地面，深粉色花朵组成钉状花序，粉色色彩淹没在毛茸茸的银灰色之中。最宜在贫瘠土壤中生长。H 30cm，S 60cm，Z5。另有其变种：'银毯'，与原种非常相似，只是不开花。

银叶菊蒿
Tanacetum argenteum (syn. *Achillea argentea*)

　　宿根植物，形如掐丝工艺品的银色叶片形成垫层，开有纯白色小花朵。需要一定日照。H 23cm，S 20cm，Z5。

水果蓝（灌丛石蚕）
Teucrium fruticans

　　灌木，生长迅速，形态开张，整体呈轻柔的灰白色调，淡蓝色花朵可以在夏天维持很长时间。需要全日照环境。H 1.8m，S 4m，Z9。

银叶柠檬百里香
Thymus × *citriodorus*

　　常绿灌木，有蔓延习性，微小的银色叶片有柠檬香气。需要一定日照。H 20cm，S 40cm，Z6。

春季和夏季

木茼蒿属
Argyranthemum

　　宿根植物，有精美的灰绿色有裂叶片和很长的花期。H 75cm，S 75cm，Z9。

蒿属
Artemisia

　　属内非常绿型的灌木和宿根品

种包括：白蒿'坎内森'，须状叶片极富装饰性，组成一簇簇的叶丛，H 45cm，S 30cm，Z6；银叶艾'银皇后'，银灰色披针形叶片长在伸张的枝条上，H 75cm，S 90cm，Z6；朝雾草，蔓生的枝叶形成低矮的垫层，呈轻柔的灰绿色，叶片如须发状，初秋开有白色的低垂花朵，H 15cm，S 45cm，Z6。

毛利亚麻
Astelia chathamica

宿根植物，拱垂的银灰色剑状叶片组成张开的叶丛，夏天开有较短的钉状花序，由带有香味的红色调花朵组成。耐日晒，适应半阴环境，需要湿润、肥沃的土壤。H 1.2m，S 90cm，Z9。

日本蹄盖蕨
Athyrium niponicum var. pictum

落叶蕨类植物，灰绿色复叶上有紫红色中脉和叶茎。需要荫蔽环境和腐殖质丰富的湿润土壤。H 60cm，S 45cm，Z7。

银叶菊
Centaurea cineraria

宿根植物，造型低矮宽阔，灰色纹饰叶片非常美丽，形成疏松的丛簇。最好剪除其淡紫色花朵。需要一定光照，适应贫瘠土壤。H 75cm，S 90cm，Z7。

沙棘
Hippophae rhamnoides

灌木，整体呈银灰色，开张形态，成组种植时至少栽1株雄株，这样雌株才能结出大量浅橙色果实。需要一定光照，适应贫瘠土壤。H 6m，S 6m，Z4。

刺苞菜蓟
Cynara cardunculus

壮观的宿根植物，尖刺状深裂叶片最长能达1.2m。夏天长出健硕的花茎，顶端开有紫红色多刺花朵。喜光照。H 2m，S 90cm，Z7。

银色幽灵刺芹
Eryngium giganteum

二年生植物，第二年开花，届时浅绿色莲座叶片上顶着灰色多刺花朵，易于从种子开始培育。需要一定光照。H 90cm，S 30cm，Z6。

沙枣
Elaeagnus angustifolia

大型灌木，易于修剪成小株型，有暗淡的灰绿色叶片和明显的突刺。园艺品种'水银'，其叶片的银色调尤其强烈。需要全日照环境和肥沃土壤。H 6m，S 6m，Z4。

夏雪草
Cerastium tomentosum

半常绿宿根植物，灰色叶片形成垫层，春末开有大量白色花朵，几乎将植株完全覆盖。具有侵略性。喜光照。H 8cm，S 45cm，Z4。

1. 绵毛水苏
2. 银叶艾'银皇后'
3. 刺苞菜蓟

香根鸢尾
Iris pallida

有地下茎的宿根植物，健硕的剑状叶片呈发灰的蓝绿色，高挺的蓝色花朵于早春缓缓开放。需要全日照环境和肥沃土壤，尤喜碱性土壤。H 1.2m，S 45cm，Z4。

紫花野芝麻'银色比肯'
Lamium maculatum 'Beacon Silver'

宿根植物，有蔓延习性，可用作地被。叶片上有银色斑纹，开深紫色花朵。园艺变种'白色南希'，开有白色花朵。适应荫蔽环境，喜湿润土壤。H 20cm，S 90cm，Z3。

多毛灰雀花
Lotus hirsutus (syn. *Dorycnium hirsutum*)

亚灌木，叶片有丝绸质感，最佳观赏期在夏末，开白色豆粒状花朵，随着时间推移慢慢变为巧克力色种荚。在春天进行修剪以维持其紧密形态。喜全日照环境和干燥土壤。H 60cm，S 60cm，Z8。

毛剪秋罗
Lychnis coronaria

为二年生植物或生命周期较短的宿根植物，莲座状灰色调叶片中伸出许多花茎，顶端有深洋红色或白色花朵持续不断开放。喜光照。H 50cm，S 30cm，Z4。

垂花虎眼万年青
Ornithogalum nutans

球根花卉，光滑的淡绿色花茎上有银白色花朵，于早春开花。适应光照和半阴环境。H 20cm，S 20cm，Z6。

大翅蓟
Onopordum acanthium

二年生植物，姿态优美，有巨大的突刺状叶片，其上覆有灰白色茸毛，第二年开出淡紫色毛刺状花朵。适应光照和半阴环境，喜肥沃土壤。H 1.8m，S 90cm，Z6。其园艺品种 *O.nervosum* 可以长到2.4m 高。

垂枝柳叶梨
Pyrus salicifolia 'Pendula'

姿态优雅的灰绿色乔木，必要时需要立桩支撑助其生长。需要全光照环境。H 5m，S 3.7m，Z5。

紫叶蔷薇
Rosa glauca (syn. *R. rubrifolia*)

非常实用的月季品种，有红色调茎杆，叶片亦有灰色调，开有粉色单瓣花朵，随后结出醒目的椭圆形果实。通常靠自播繁殖。需要光照充足的开阔环境。H 1.8m，S 1.5m，Z2。

银叶白柳
Salix alba var. *sericea*
(syn. *S. a. argentea, S. a.* 'Splendens')

乔木，整体呈现出浓郁的银色调，正常情况下可以生长得很高大，也非常适于修剪，控制在2.4m 左右的高度较合适。需要全日照环境，能适应除干燥外的任意土壤条件。H 15m，S 8m，Z2。

银灰鼠尾草
Salvia argentea

二年生植物，丝绒质感的叶片组成硕大的扁平莲座状叶丛，开有白色花序。喜光照。H 75cm，S 45cm，Z5。

银羽菊蒿
Tanacetum ptarmiciflorum (syn. *Pyrethrum p.*)

宿根植物，通常作一年生用，浅灰色羽状叶片经常在花境中用到，尤其是其园艺品种'银色羽毛'。需要一定光照。H 50cm，S 50cm，Z9。

毛蕊花属
Verbascum

属内优秀的园艺品种有：'北极之夏'，二年生植物，但可以通过抑制开花使其生命延续数年之久，硕大的毛绒质感叶片组成莲座状叶丛，能够与形态更精巧的银色叶片构成对比，H 1.8m，S 60cm，Z6；希腊毛蕊花，有硕大的灰色毛毡质感的叶片，有雕塑般的花茎，形似烛台，被明黄色花朵覆盖，可持续数周之久，H 1.8m，S 75cm，Z6。以上两个品种都能耐受荫蔽，但最喜阳光充足的开阔环境。

1. 紫花野芝麻'白色南希'
2. 日本蹄盖蕨
3. 银色幽灵刺芹
4. 毛蕊花'北极之夏'

白色

　　白色是所有色彩中最神秘的，甚至有人会问：白色算是一种色彩吗？它看起来有种"颜色的空缺感"。但另一方面，白色光又是色轮上其他颜色光的总和，换言之它包含着所有色彩。园艺师热爱白色正是因为它与任何色彩都能和谐相处。就算只有白色也能营造出相当强烈的视觉效果。白色可被视作带有"惰性"的色彩，正如"惰性"元素一样，白色不会和任何颜色产生色彩关系，基于此我们可以利用它作为花境里其他色块间的缓冲，尤其适用于那些相处不善、会产生较差的视觉体验的色彩之间。

　　白色可以反射所有光线——这一特点可以用来提亮场景并制造欣喜的情绪。在树下的荫蔽角落里可以种植白色花卉使空间明亮起来，例如白花毛地黄或者白花荚蒾等花灌木。

下图： 在开阔的林地边缘，雪球荚蒾和蝴蝶荚蒾同时于初夏开放。虽然都是白花，但有着细微的色彩差别，花朵的形态也迥然相异。如果想让这份白色的花境延续下去，可以在组合中加入夏季盛开的白色绣球，例如八仙花和栎叶绣球。还可以利用晚花铁线莲品种，比如意大利铁线莲'小白鸽'，让它的枝蔓穿梭在图中这些早花灌木的枝丫间。这样就能使白色花朵连绵不绝，呈现出"你方唱罢我登场"的景象。

白色的与众不同之处在于：一片混合色彩的花境中它比其他颜色更有吸引力，你的眼睛会本能地先看到白色的花朵，并注目于它的形态和排列方式。因为白色的反光效果，那些轮廓清晰的白色花朵（比如百合与福禄考）会从周围较暗的色彩中脱颖而出，非常显眼。另外还有一些呈喷雾状的白色小花，例如满天星和海甘蓝，在没有其他色彩干扰时，它们可以营造迷离朦胧的明媚氛围，透过这层半透明的薄纱，后面的植物色彩会"碎裂"成一片片小色块，似是闪烁着微光。

　　若对白色的梯度变化和它们之间的细微差别非常敏感，便可知实际上并没有多少"纯白色"的花朵。从洋水仙的象牙白和乳白，到某些月季花略带一丝红晕的白，再到风铃草泛着蓝光的白，这里面包含着太多变化。还要留心这些白色花朵自身携带的"修饰色"：有些白色百合带有深红色的斑点；白花老鹳草的花瓣上有蓝色或紫色的筋脉；白色雏菊的中央则是一团放射状的黄色细绒。捕捉到这些异色，就可以选择适当的植物进行搭配——比如白花老鹳草的蓝紫色花脉就像在呼唤

下左图：白色毛地黄盛开在一片光影斑驳的林中空地上。你可能会产生错觉以为毛地黄的白色花序是从圆叶玉簪的蓝绿色叶片中长出来的。白色的花朵可以提亮荫蔽的空间，在阴影里的玉簪叶片也愈加发蓝。

下右图：在这个层层递进的植物组合中，最后面的是圆锥绣球，银叶蒿处在中间，最前面的是金鱼草，它们一起构成了这个白色花境的片段。最前方起初种的是白色郁金香，春末花谢后移除替换成现在的金鱼草。

着蓝紫色花朵的响应，黄色花心的白雏菊则最适合布置在黄－橙色系的植物组合中。

　　绿叶可以打造较暗的背景，使白色花朵在它的衬托下更加明显突出，尽管如此，银灰色叶片可能才是白色花朵的最佳伴侣。银色和白色都是中性的惰性色彩，不产生色彩关系，所以它们的自然属性更加"亲近"。面对具有实感形态的白色花朵（比如郁金香和金鱼草），银叶菊和银叶蒿可以为它们提供优雅的背景。带有白色斑纹的叶片也有同样的效果，你可以尝试用斑叶毛茛草或菲白竹为白色锦葵或白色月季作衬底，还可以让白花铁线莲的枝蔓盘踞在银边红瑞木绿白相间的枝叶之中。

　　白色的花园家具永不过时，但使用时仍需谨慎。因为白色极高的明度会使人眩目，还容易侵蚀临近植物的色彩。在缤纷多彩的植物景观里，白色家具容易显得僵硬刻板——它还是与白色和银色的植物最登对，即便如此也要小心别用过头了。像第140页图片里这个镂空雕花的白色铸铁长椅，在白色花朵和银色叶片的映衬下显得格外优雅动人。如果没有这些镂空，而是换作更敦实的造型，白色长椅将看起来十

下图：晚春的白色花境里，这张精雕细琢的铸铁长椅成为万众瞩目的焦点。花境里的植物包括郁金香、白花薰衣草，还有一丛丛的白花春黄菊。春黄菊的花期很长，即使花朵凋谢其细羽状的银绿色叶片依然极富吸引力。

分厚重，以至于压垮旁边娇弱的植物。如果是这样，不如把它漆成灰绿色，消隐在薰衣草和春黄菊的叶片之中。

左图：趁春天树木的叶子还没长出来，让球根花卉得到充分的阳光照射，从而开出每年最早一批的白色花朵。照片中正在盛开的是大花雪滴花和雪片莲。之后，树木的叶子慢慢遮住阳光，耐阴的花叶玉簪、白花毛地黄和白花柳龙胆将白色的花境延续至整个夏天。

下图：这个白色花境的成功很大程度上要归功于花叶形态、大小和肌理的多样变化。白色的形态从两节蒙蒙胧胧的雾状小花，到缬草更具实感的簇状花序，再到月季轮廓清晰、敦实的花朵。除了花，这里的叶片亦是丰富多样：岩白菜宽大的革质叶片勾勒出花境的边界，在它后面是黄花木细密的枝叶——黄花木在春天开的花是黄色的，所以当夏天到来，这个白色花境里绽放第一朵白色花朵前，请把黄花木枝头残余的黄色花朵全部剪掉，迎接白色的纯粹美感。（种植细节详见第229页图。）

全白色种植

　　全白色种植可谓经典的花园设计思路。但由于色彩的选择面太窄，你不得不在花朵形态、大小和肌理的丰富性上多做文章。想象一下飞燕草紧密的花序与两节荠、满天星松散的花团放在一起的效果，还有荚蒾和杜鹃层叠聚拢的花朵与红瑞木和星花木兰零星分布的花朵相搭配的情景。叶片同样值得关注，尤其是叶片形态的对比，特别是在只有绿、白两色的荫蔽空间里，效果相当显著。

　　全白色的种植组合可以持续整个观赏季节，如果设计得巧妙，在夏天甚至可以每隔三四周迎来一次开花高峰。这种植物组合的核心角色属于那些可以连续不断开花的植物（例如白花角堇或白花缬草），然后再用间歇反复开花的植物做结构的强化（例如某些月季），最后选择一年生的白色草花填充其间（例如白花金鱼草），它们即使枯萎了，留在枝头的干花仍须是白色的——这一点对白色花境尤其重要，因为在白色的场景里残败变色的花朵十分扎眼，会弄脏一片纯净无瑕。

白色月季花园

　　弥漫着香气的月季小花园，再加上闲坐小憩的凉亭——人们常常十分向往这田园诗般恬静的夏日美景。用白色是个好主意，因为有大量丰富的白色月季品种可供选择，另外白色花朵在日落后依然能辨，可供漫长的夏夜里欣赏。可惜的是大多数形态优美且芳香馥郁的月季每年只开一次，所以只能暗恨盛景不长。我们可以在保持色彩结构不变的基础上添加其他白色芳香植物，比如欧亚香花芥和山梅花，使月季园的香气层次更加丰富，再用白花薰衣草和粉白相间的石竹作花坛的边缘。说到花坛，建议你用自然石材垒成层叠的造型，因为石头会吸收和反射热量，让香气淋漓尽致地扩散。

白色

春季

唐棣属
Amelanchier

灌木，春天开花，叶片与花同时生发，但叶片初生时为棕铜色调，长大后变绿，植株在秋天有绚丽色彩。最喜中性至酸性的湿润土壤。优秀的园艺品种有：加拿大唐棣，直立性强，H 5m，S 3m，Z5；拉马克唐棣，灌木或小乔木，枝条向外伸展，H 9m，S 6m，Z5。

银莲花属
Anemone

有块根的宿根植物。优秀的园艺品种包括：希腊银莲花'白色辉煌'，白色大花朵表面反光，在早春开放，H 20cm，S 20cm，Z5；栎林银莲花，有漂亮的有裂叶片和白色花朵，花朵稍小，花期稍迟。以上两个品种均适应光照和半阴环境，喜腐殖质丰富的土壤。H 10cm，S 15cm，Z4。

高加索南芥
Arabis caucasica

常绿宿根植物，垫状形态，最喜向阳的干燥环境，适合在墙头生长。H 15cm，S 25cm，Z4。

山茶'单白'
Camellia japonica 'Alba Simplex'

常绿灌木，叶片革质，春天开有大量单瓣花朵，需要遮蔽，喜半阴环境。H 3m，S 1.5m，Z8。

小木通
Clematis armandii

常绿攀缘植物，美丽的叶片初生时为黄铜色，早春时开有芳香的白色花簇，有时花朵上带有一丝粉色调。需要温暖、有遮蔽的环境。H 5m，S 3m，Z9。

铃兰
Convallaria majalis

宿根植物，其根茎在地下延伸，使地上部分长成厚实的"绿毯"，叶片有尖，适合生长在潮湿荫蔽的林下环境。铃状花朵有奇妙的香味。H 15cm，S 无限制，Z4。

大花四照花
Cornus florida

大灌木或小乔木，花朵周边围绕着一圈白色苞片，在初夏开放，叶片在掉落前变色，新枝呈灰绿色。在光照环境和无石灰质的深厚土壤中长势最佳。H 6m，S 7.6m，Z6。

黄金番红花'雪鹀'
Crocus chrysanthus 'Snow Bunting'

球茎花卉，白色花朵上带有一丝精致的紫红色。需要阳光充足的开阔环境。H 10cm，S 8cm，Z4。

杂交淫羊藿'雪白'
Epimedium × *youngianum* 'Niveum'

有根茎的宿根植物，心形叶片有尖，初生时常会带有紫红色调，与叶丛上方的白色小花形成对比。需要半阴环境和腐殖质丰富的湿润土壤。可用作地被。H 15cm，S 30cm，Z5。

加州猪牙花'白色美人'
Erythronium californicum 'White Beauty'

球根花卉，有宿根习性，有乳白色花朵和斑驳叶片。需要半阴环境和腐殖质丰富的土壤。H 30cm，S 15cm，Z5。

大花白鹃梅'新娘'
Exochorda × *macrantha* 'The Bride'

灌木，形态疏朗且优美，可以修剪引导其长成树状。在薄浅的白垩土中易患萎黄病。H 1.5m，S 2m，Z5。

北美银钟花
Halesia carolina

灌木或小乔木，开有迷人的钟形花朵，形成簇状，先于叶片出现在枝条上，秋天结有椭圆形翼果。需要一定光照和中性至酸性土壤。H 7.6m，S 10cm，Z5。

风信子'英诺森赛'
Hyacinthus 'L'Innocence'

球根花卉。风信子往往最初是在室内环境中萌发，之后再移植到户外阳光充足的开阔环境里，这样开的花序就不会太过紧密。H 20cm，S 10cm，Z4。

1. 希腊银莲花'白色辉煌'
2. 小木通
3. 黄金番红花'雪鹀'
4. 加州猪牙花'白色美人'
5. 星花木兰
6. 雪滴花
7. 洋水仙'阿克泰'
8. 伞花虎眼万年青
9. 太白南樱

白烛葵
Iberis sempervirens

常绿亚灌木，深绿色小叶片汇聚成毯状，上面覆盖着纯白色花朵，在春天开放。需要一定光照。H 30cm，S 60cm，Z3。

雪片莲属
Leucojum

球根花卉，在半阴环境中表现最佳。属内优秀的园艺植物有：夏雪片莲，白色垂铃形花朵上有绿色斑点，H 60cm，S 12cm，Z4；雪滴花，开花较早，花朵比前者短小很多，有香气。H 20cm，S 10cm，Z4。

星花木兰
Magnolia stellate

灌木，生长极缓慢，若倒春寒未伤及花苞，可在之后看到满树的白色星形花朵，每朵花由细长的花瓣组成。H 1.8m，S 1.8m，Z5。

湖北海棠
Malus hupehensis

小乔木，最优秀的海棠品种之一，花朵大，秋天结有橙红色小果实。喜全日照环境。H 8m，S 8m，Z4。

1. 大花延龄草
2. 郁金香'春绿'
3. 白花克美莲
4. 白花阔叶风铃草
5. 墨西哥橘'阿兹特克珍珠'
6. 铁线莲'冰美人'

水仙属
Narcissus

球根花卉，适应光照和轻微荫蔽环境。优秀的园艺品种包括：'阿克泰'，口红水仙的一种，芳香，有宽阔的白色花瓣和黄色花心，H 40cm，Z4；'塔莉娅'，多头的西班牙水仙品种，开有成簇的雪白色芳香花朵，H 30cm，Z4；'白狮'，重瓣花朵上白色和乳黄色交织，H 40cm，Z3。

伞花虎眼万年青
Ornithogalum umbellatum

球根花卉，有漂亮的星形花朵，具有一定侵略性。适应光照和半阴环境。H 30cm，S 15cm，Z5。

云南桂花（管花木犀）
Osmanthus delavayi

大灌木，有利落的常绿小叶片和极香的白色小花，花量巨大。适应光照和半阴环境。H 3m，S 3m，Z7。

李属
Prunus

乔木。属内优秀的白花园艺植物包括：稠李，花朵有杏仁香味，晚于叶片生发，H 15m，S 7.5m，Z3；樱花'白妙'，生长旺盛，枝条向四周散发，有大花簇和锯齿边叶片，叶色呈轻柔的绿色，H 5.5m，S 7.6m，Z5；太白南樱，株型最大的樱花之一，叶片初有黄铜色调，开花后慢慢褪色，H 7.6m，S 10m，Z5；樱花'郁金'，奶油色花朵，叶片在秋天有绚丽色彩，H 7m，S 10m，Z5。

肺草'白色西辛赫斯特'
Pulmonaria officinalis 'Sissinghurst White'

宿根植物，开白色花，有白色斑点的心形叶片是优秀的地被素材。

需要荫蔽环境。H 30cm，S 45cm，Z4。

血根草
Sanguinaria canadensis

有根茎的宿根植物，有裂叶片稍稍向上聚拢，在白色花朵后生发，组成吸引人的丛簇。适应光照和半阴环境，需要腐殖质丰富的土壤。H 15cm，S 30cm，Z3。

尖绣线菊
Spiraea 'Arguta'

灌木，有优雅的垂拱枝条，开花时上面布满大量白色小花朵。喜光照。H 2.4m，S 2.4m，Z5。

泡沫花（惠利氏黄水枝）
Tiarella wherryi

有根茎的宿根植物，由槭树形叶片组成叶丛，其上常会出现紫红色调，开有白色星形花朵，在花苞状态时为粉色。能耐受严重的荫蔽环境。H 20cm，S 30cm，Z3。

大花延龄草
Trillium grandiflorum

有根茎的宿根植物，椭圆形叶片有尖，三片一组出现在花茎上，托着纯白色的花朵。适应日照和半阴环境。H 40cm，S 30cm，Z4。

郁金香属
Tulipa

球根花卉，喜夏日烘晒。优秀的园艺品种包括：'至纯'，属于福斯特杂交群，纯奶白色花朵，H 40cm，S 23cm，Z3；'春绿'，奶油色花朵上有绿色斑迹，H 40cm，S 23cm，Z3；'白色胜利'，百合花形，花瓣有尖，H 75cm，S 25cm，Z3。

夏季

蓍属
Achillea

宿根植物，适应向阳环境下大多数的土壤条件。优秀的园艺品种有：大花蓍草，有精致的有裂叶片，枝叶疏朗，夏末在顶端开有白色雏菊形花朵，花头扁平。H 1.5m，S 90cm，Z6；珠蓍'珍珠'，有侵略性倾向，强壮的枝状花茎上开有利落的纽扣状花朵，H 75cm，S 75cm，Z3。

白色铃花百子莲
Agapanthus campanulatus var. *albidus*

宿根植物，饱满的带状叶片形成丛簇，春季和夏季长出高挺的花茎，其上开有白色圆形花朵。需要全日照环境。H 90cm，S 50cm，Z8。

葱属
Allium

球根花卉，开有球形花头。属内优秀的白花园艺植物有：宽叶花葱，有巨大花朵，白里透粉，通常只有2片厚实的灰绿色叶片，喜开敞环境，H 20cm，S 30cm，Z4；三棱葱，开有疏朗的伞状花序，白中有绿，花茎的横截面呈奇妙的三角形，喜潮湿荫蔽的环境，自播繁殖，有侵略性，H 40cm，S 15cm，Z4。

春黄菊属
Anthemis

宿根植物，喜光照。优秀的园艺品种包括：白花春黄菊，可以迅速长成矮丘形态，银色叶片精致有裂，开有白色雏菊形花朵，H 30cm，S 60cm，Z7；春黄菊'白色'，有似蕨类植物的深绿色叶片，白色雏菊形花朵能在夏天持续绽放很长时间，H 90cm，S 90cm，Z4。

三脉香青
Anaphalis triplinervis

宿根植物，灰色叶片形成丘状叶丛，夏末被白色花朵覆盖，花期很长。喜光照也耐半阴。H 45cm，S 60cm，Z4。

圣伯纳德百合
Anthericum liliago

宿根植物，有灰绿色细带叶片，喇叭形白色花朵组成钉状花序在初夏开放。需要向阳环境和干燥的土壤。H 60cm，S 30cm，Z5。

金鱼草属
Antirrhinum

一年生植物，传统的夏日花境素材，花朵似紧闭的嘴唇，蜜蜂需要用力挤进去采集花蜜。可以在种子供应商那里买到各种高度、花形的品种，比如：'白色奇迹'，白色花朵中心有一抹黄色，H 45cm，S 25cm。

白花木茼蒿（玛格丽特花）
Argyranthemum foeniculaceum

宿根植物，有精致的蓝绿色有裂叶片和白色雏菊形花朵，花量大，花期长，种在花器里很美丽。喜光照。H 90cm，S 90cm，Z9。

风铃草属
Campanula

宿根植物，适应各种光照条件。属内优秀的园艺植物有：白花阔叶风铃草，有硕大的枝状花头，在多风的地区需要插杆作支撑，H 1.5m，S 60cm，Z5；白花桃叶风铃草，花期长，与传统月季是很好的搭档，

H 90cm，S 30cm，Z4。

假升麻
Aruncus dioicus

生长旺盛的宿根植物，能耐受除严重萌蔽外的其他任意环境条件，有茂密的叶丛，叶片形似蕨类，初夏开有奶油色羽状花序。H 1.8m，S 1.2m，Z3。

落新妇 '新娘面纱'
Astilbe 'Brautschleier'
(syn. *A.* 'Bridal Veil')

宿根植物，形似蕨类的亮绿色叶片形成叶丛，从中长出优雅的白色喷雾状花序。需要半阴环境和湿润土壤。无人为干扰下表现最佳。H 75cm，S 75cm，Z4。

雏菊
Bellis perennis

宿根植物，广受培育的菊科植物，花期很长。适应光照和半阴环境。H 20cm，S 20cm，Z4。

白花克美莲
Camassia leichtlinii subsp.
leichtlinii (syn. *C. I.* 'Alba')

球根花卉，象牙白色的星形花朵开在细长的花茎上，在深厚的湿润土壤中可以自然扩散。适应光照和半阴环境。H 90cm，S 30cm，Z4。

木银莲
Carpenteria californica

常绿灌木，深暗的绿色叶片被自身丰沛的白色花朵点亮，花瓣纯白，花蕊长。最适合沿着向阳的墙面生长。H 1.8m，S 1.5m，Z8。

白花缬草
Centranthus ruber 'Albus'

宿根植物，叶片饱满，白色花朵可持续绽放整个夏季，自播繁殖，有侵略性，常在石灰石墙头上自然扩张。需要一定光照，耐受贫瘠的碱性土壤。H 75cm，S 60cm，Z5。

夏雪草
Cerastium tomentosum

宿根植物，灰色叶片形成垫状叶层，春末被白色花朵覆盖。花后进行修剪。喜光照，宜在干燥炎热的地区生长。H 8cm，S 45cm，Z4。

墨西哥橘
Choisya ternate

常绿灌木，有闪亮的三裂叶片，揉碎时有香气，春末开有芳香的白色花朵。需要一定光照。H 3m，S 3m，Z8。

升麻属
Cimicifuga

宿根植物，需要半阴环境和湿润土壤。属内优秀的园艺植物有：黑升麻，枝状花茎上开有瓶刷形花朵，其下是有裂的新绿色叶片，H 1.5m，S 60cm，Z4；单穗升麻，植株较小，花期也较晚，秋天开花，H 1.2m，S 60cm，Z4。

白花杂交岩蔷薇
Cistus × *hybridus* (syn. *C. corbariensis*)

灌木，叶片有波浪形边缘，花苞有红色调，绽放时呈白色，花量很大。需要一定光照。H 1.2m，S 1.2m，Z8。

铁线莲属
Clematis

优秀的攀缘类品种包括：'小白鸽'，白色花朵上有绿色斑纹，花心呈深色，H 3.7m，S 3.7m，Z4；'冰姣'，

花蕊绿中透白，花朵正面为白色，背面为淡紫色，H 4m，S 4m，Z4；'冰美人'，叶片宽阔，花朵形似平盘，初开时带有粉色调，之后变为纯白，H 3m，S 3m，Z4；绣球藤'斯普纳'，花朵呈四瓣，有大团黄绿色花蕊，H 9m，S 9m，Z6。

优秀的草本类品种包括：直立铁线莲，羽状复叶，白色小花组成圆锥花序，在夏天开放；紫叶直立铁线莲，新生叶呈紫红色，H 1.8m，S 50cm，Z3。

中国四照花
Cornus kousa var. *chinensis*

小乔木或大灌木，株型优雅伸展，白色花朵苞片非常显著，叶片在秋季有绚丽色彩。适应光照和半阴环境，不喜白垩质浅层土壤。H 9m，S 6m，Z5。

海甘蓝
Crambe cordifolia

宿根植物，质地粗糙的绿色叶片形成丘状丛簇，从中伸出枝状花茎，夏季中段开有云雾状白色星形小花。喜光照。H 2m，S 1.2m，Z6。

大丽花属
Dahlia

有块茎的宿根植物，夏末开花，一直延续到初霜时节，之后需要把块茎从土中取出，储存在不受霜冻的地方。优雅的白花品种有：'吾爱'，形似仙人掌的花朵，H 75cm，S 75cm，Z9。

1. 白鲜
2. 山桃草
3. 白花欧亚香花芥

翠雀属
Delphinium

宿根植物，能够提供纵向视觉焦点，在花境中应用价值巨大。新嫩枝叶需要谨防鼻涕虫危害。在全日照下长势最好。优秀的白花品种有：加拉哈德组和'黄油球'。二者均为 H 1.5m，S 40cm，Z2。

细梗溲疏
Deutzia gracilis

紧实的小灌木，在全日照下花朵呈现最佳状态，需要在初春的霜冻中施以保护。H 90cm，S 90cm，Z5。

荷包牡丹属
Dicentra

宿根植物，需要半阴环境和肥沃的湿润土壤。优秀的园艺品种有：縕毛荷包牡丹'雪堆'，有灰绿色有裂叶片，茎杆顶端开有细窄的白色花朵，H 30cm，S 30cm，Z4；日本荷包牡丹'白色'，乳白色锁状花朵垂悬在精致的鲜绿色有裂叶片之上，H 75cm，S 50cm，Z3。

白鲜
Dictamnus albus

宿根植物，有尖顶形白色花序，后结出星状种荚，叶片有柠檬香气。喜光照。H 90cm，S 60cm，Z3。

1. 夏风信子

2. 彩眼花

3. 大花丽白花

白花毛地黄
Digitalis purpurea f. *albiflora*

二年生植物，开有尖顶形花序，花朵内侧有斑点。需要半阴环境。H 1.5m，S 45cm，Z3。

白花柳兰
Epilobium angustifolium 'Album'

宿根植物，纤细的尖顶形花序上花朵次第开放，下面的花朵已经结出种荚时，顶上的花苞还未打开。在浅土中根系有侵略性。喜光照。H 1.5m，S 50cm，Z3。

香车叶草
Galium odoratum
(syn. *Asperula odorata*)

宿根植物，有扩张习性，带尖的小叶片组成轮状，其上顶着白色星形花朵聚成的花簇，于春末开放。在半阴环境下生长最佳，也能耐受全日照。H 15cm，S 30cm，Z4。

夏风信子
Galtonia candicans

球根花卉，夏末长出高挺的花茎，垂头姿态的白色钟形花朵开放于顶端。需要一定光照。H 1.2m，S 23cm，Z6。

山桃草
Gaura lindheimeri

宿根植物，白中带粉的花朵似在花境中翩翩起舞，最好插杆作支撑，或倚靠着更为敦实的植物生长，例如景天。喜光照。H 1.2m，S 90cm，Z6。

老鹳草属
Geranium

宿根植物，在花境中应用价值巨大。优秀的白花园艺品种有：克氏老鹳草'白色克什米尔'，有精美

的有裂叶片和蔓状白色花朵，可以通过根系和种子迅速扩张。在光照下长势最佳，H 60cm，S 60cm，Z4；肾叶老鹳草，有凹褶的灰绿色叶片形成穹状丛簇，在光照下长势最佳，H 30cm，S 30cm，Z6；白花林地老鹳草，掌状叶片形成叶丛，春末长出枝状花茎，其上开有白色小花朵，需要半阴环境，H 90cm，S 60cm，Z4。

彩眼花（白花唐菖蒲）
Gladiolus callianthus 'Murieliae'
(syn. *Acidanthera m.*)

宿根球茎花卉，开有造型优雅的白色花朵，气息香甜，花心部分有深色斑点。需要一定光照和肥沃土壤。H 90cm，S 15cm，Z9。另有大花杂交品种：唐菖蒲'冰帽'，H 1.7m，S 30cm，Z9。

宿根满天星
Gypsophila paniculate

有根茎的宿根植物，微小的白色花朵在夏末开放，形成朦胧的丘状，可以种在花境前端，制造出飞沫般的效果并覆盖裸露的地面。需要一定光照，耐受贫瘠土壤。H 90cm，S 90cm，Z4。

白花欧亚香花芥
Hesperis matronalis var. *albiflora*

宿根植物，高挺的枝状花茎上开有形似紫罗兰的白色花朵，非常芳香。可自播繁殖。在光照下长势最佳。H 75cm，S 60cm，Z4。

绣球属
Hydrangea

实用的灌木花卉，大部分品种都需要半阴环境和湿润土壤。

优秀的白花品种包括：冠盖绣球（藤绣球），可以攀缘在少光的墙面

上，喜凉爽土壤，白中透绿的扁平花头在初夏出现，H 15m，S 15m，Z5；大花光叶八仙花，有白中透绿的球形花朵，随着开放逐渐向奶油色靠近，H 1.8m，S 1.8m，Z4；圆锥绣球'九州'，开有顶端尖细的锥状花头，花朵不育，叶片闪亮，H 2.5m，S 1.8m，Z4；栎叶绣球，有形似栎树的有裂大叶片，若生长在向阳位置，秋天将呈现绚丽的叶片色彩，也能耐受全荫蔽环境，H 1.5m，S 1.8m，Z5。

白花野芝麻
Lamium maculatum 'Album'

宿根植物，有蔓延习性，可在地面上形成铺毯，叶片上有银色斑纹，开有白色花序。适应全日照和半阴环境，喜湿润土壤。H 20cm，S 90cm，Z3。

山黧豆属
Lathyrus

属内优秀的园艺植物有：白花宽叶香豌豆，攀缘性宿根植物，花朵强健且量大，花期长，但无香味，H 1.8m，S 1.8m，Z5；香豌豆，一年生攀缘植物，有独特香气，H 1.8m，S 1.8m。上述品种均需要全日照环境和肥沃的湿润土壤。

白花英国薰衣草
Lavandula angustifolia 'Alba'

常绿灌木，有精致的灰绿色叶片，钉状花序有强烈香气。在光照环境且排水良好的土壤中长势最佳。H 75cm，S 75cm，Z6。

三月花葵'勃朗峰'
Lavatera trimestris 'Mont Blanc'

一年生植物，有灌丛形态，开花时植株被硕大的白色喇叭形花朵覆盖。喜光照。H 75cm，S 45cm。

西洋滨菊 '伊斯特·里德'
Leucanthemum × superbum 'Esther Read'

宿根植物，开有闪闪发亮的白色雏菊形花朵。喜光照。H 45cm，S 45cm，Z4。

大花丽白花
Libertia grandiflora

有根茎的宿根植物，细长叶片组成健实的丛簇，从中伸出挺直的白色花序，于夏季中段开放。H 75cm，S 60cm，Z8。

百合属
Lilium

球根花卉，夏季开花，在光照环境中表现最佳。

优秀的白花品种包括：圣母百合，叶片在秋季生发并经冬不落，初夏开出芳香的白色花朵，有黄色花蕊，喜石灰质丰富的土壤，Z4；'卡萨布兰卡'，开有硕大清爽的白色花朵，Z5；白花头巾百合，花朵呈垂头状，花瓣反卷，上面有许多斑点，Z4；白花岷江百合，有迷人香气，在夜晚尤甚，Z4；'斯特灵之星'，丛簇状的乳白色花朵上有棕色斑点，Z2。以上品种均为 H 90cm。

烟草属
Nicotiana

宿根植物，常作一年生植物用。优秀的园艺品种包括：近缘花烟草，开有纯白色星形花朵，夜间香气甚浓，H 75cm，S 30cm；花烟草，灌丛形态的一年生植物，有包括白色在内的多种花色品种，H 60cm，S 30cm；林地花烟草，植株整体呈塔形，垂头的管状花朵很适合出现在花境的后部，通常自播繁殖，H 1.5m，S 75cm。以上品种均在光照下长势最佳。

香雪球 '雪毯'
Lobularia 'Snow Carpet' (syn. *Alyssum* 'S.C.')

一年生植物，植株形成低矮的垫层，并开有白色微小花朵，花期长。易种植，生长迅速。能为园路和花境勾勒出精美的镶边。喜光照。H 10cm，S 30cm，Z7。

白花毛剪秋罗
Lychnis coronaria 'Alba'

二年生植物或生命周期短的宿根植物，多权花茎上连续不断地开放白色单瓣花朵，下面是暗淡的灰绿色叶片。喜光照环境。H 50cm，S 30cm，Z4。

珍珠菜属
Lysimachia

宿根植物，适应光照和半阴环境，还有湿润土壤。属内优秀的园艺植物有：矮桃珍珠菜，夏末开放的灰白色小花组成拱curved的长钉状花序，H 90cm，S 60cm，Z4；柳叶珍珠菜，有纤细的白色尖顶状花序，花序密集，叶片呈灰绿色，H 90cm，S 30cm，Z7。

白花麝香锦葵
Malva moschata f. *alba*

宿根植物，生命周期短，易于从种子培育。有裂叶片呈鲜绿色，开有大量杯形白色花朵。喜光照。H 75cm，S 60cm，Z4。

芍药属
Paeonia

优秀的白花园艺品种有：'内穆尔公爵夫人'，宿根植物，白色重瓣花朵自由地开放，有香气，H 75cm，S 75cm，Z3；牡丹（洛克亚种），最初由约瑟夫·洛克（Joseph Rock）引种，开有巨大的白色花朵，花瓣基

部有红褐色斑迹，还有大团黄色花蕊，独特而珍稀，繁育难度大，喜光照也耐轻微荫蔽环境，H 2.1m，S 2.1m，Z5。

欧洲没药
Myrrhis odorata

宿根植物，有扁平花头和精致的有裂叶片。植株有香气。适应各种光照环境。H 60cm，S 60cm，Z4。

新西兰冬青
Olearia × macrodonta

常绿灌木，灰绿色叶片边缘有尖刺，夏季中段植株被宽阔的白色花簇覆盖，单表呈雏菊形，有香气。需要全日照环境。H 3m，S 3m，Z9。

具茎蓝目菊
Osteospermum caulescens

常绿宿根植物，开有硕大的白色雏菊形花朵，众多花瓣呈放射状散开，花心呈蓝色。喜光照。H 45cm，S 45cm，Z9。

东方罂粟 '黑与白'
Papaver orientale 'Black and White'

宿根植物，白色的花瓣质感犹如有褶皱的油纸，其上有黑色斑迹，叶片在夏季中段凋萎。在光照下长势最佳。H 90cm，S 30cm，Z4。

矮牵牛属
Petunia

一年生植物，需要向阳、有防风遮蔽的环境。优秀的白花品种有：'白云'，H 20cm，S 30cm。

山梅花 '美丽星'
Philadelphus 'Belle Etoile'

灌木，乳白色花朵有淡紫色花心，香气可以弥漫整座花园，花后及

时剪掉盘曲的木质化老枝。需要一定光照和肥沃土壤。H 2.4m，S 2.4m，Z5。

宿根福禄考
Phlox paniculate

宿根植物，姿态优雅，开有硕大的白色花朵，有香气。适应光照和半阴环境。H 90cm，S 45cm，Z4。另有园艺变种：'富士山'，株型更高，花朵更大，呈雪白色，H 1.5m，S 60cm。

金露梅'阿博茨伍德'
Potentilla fruticosa 'Abbotswood'

灌木，有灰绿色小叶片和微皱的纯白色花朵，花期长。如果长得过高可以重剪。喜光照。H 75cm，S 90cm，Z3。

裂叶罂粟
Romneya coulteri

宿根植物，高挺的茎杆上长有灰绿色有裂叶片，茎杆顶端开有硕大的白色花朵。需要温暖向阳的环境和深厚土壤，不喜移植。H 1.8m，S 1.8m，Z8。

蔷薇属
Rosa

大多数品种均在阳光充足的开阔环境里长势最佳。

优秀的攀缘类品种包括：'博比·詹姆斯'，生长旺盛，乳白色花朵聚成硕大的花簇，H 9m，S 6m，Z5；'阿尔弗雷德·卡里埃夫人'，生长旺盛，适应半阴环境，饱满、略带红晕的白色花朵反复开放，H 4m，S 3m，Z6；'花环'，小而芳香的花朵组成花簇，H 4.6m，S 4.6m，Z5；'婚礼日'，乳白色单瓣花朵组成花簇，之后结出漂亮的果实，能

耐受荫蔽环境和贫瘠土壤，H 9m，S 4.5m，Z5。

优秀的灌木类品种包括：'冰山'，香气不浓，但连续开花不断，H 1.5m，S 90cm，Z5；'玛格丽特·梅瑞尔'，芳香的白色花朵上有精致的粉红色光晕，H 90cm，S 60cm，Z5；川滇蔷薇，有利落的灰绿色叶片和大量白色单瓣花朵，之后结出橙色小果实，H 3m，S 1.8m，Z7。

悬钩子'贝内登'
Rubus 'Benenden'

株型宽阔的灌木，与黑莓近似，叶片硕大有裂，白色花朵引人注目且花量巨大，在初夏开放。在光照下长势最佳。H 3m，S 3m，Z6。

素馨叶白英
Solanum jasminoides 'Album'

贴墙生长的灌木，长势旺盛，其深色叶片与疏朗的白色花朵相互衬托，花朵形似茉莉，从初夏一直开到霜降时节。喜全日照。H 最高可至6m，S 最大可至6m，Z9。

丁香'柠檬夫人'
Syringa vulgaris 'Mme Lemoine'

灌木，初夏开放的白色重瓣花朵聚成饱满的花序，有浓香。需要一定光照和深厚的土壤，碱性土壤最佳。H 4m，S 4m，Z4。

雪球荚蒾'玫瑰'
Viburnum opulus 'Roseum'

灌木，初夏开有奶油色花球，叶片在秋季有绚丽色彩，H 5m，S 5m，Z4。另有同属园艺植物蝴蝶荚蒾'玛丽丝'，姿态非常优雅，枝条横展，沿着枝条开放的扁平花头加强了水平方向的视觉力，H 4m，

S 4m，Z6。二者均适应光照和半阴环境。

白花毛蕊花
Verbascum chaixii 'Album'

宿根植物，有粉色花心的白色花朵组成钉状花序，叶片深暗。通常自播繁殖。耐受荫蔽，但最喜阳光充足的开阔环境。H 90cm，S 60cm，Z5。

白花苔地美女樱
Verbena tenuisecta f. *alba*

宿根植物，叶片精致有裂，开有紧密的白色花头。需要一定光照。H 40cm，S 75cm，Z9。

白花角堇
Viola cornuta 'Alba'

宿根植物，是优秀的地被素材，初夏开有大量活泼可爱的白色花朵，凋谢后剪除残花，夏末可以再开出一波。适应光照和半阴环境。H 40cm，S 60cm，Z4。

白花多花紫藤
Wisteria floribunda 'Alba'

生长旺盛的攀缘植物，羽状复叶，枝条盘曲交错，初夏开放的白色豆粒状花朵聚合成长长的垂吊花穗，之后结出天鹅绒质感的种荚。喜光照。H 最高可至30m，S 最大可至30m，Z5。

凤尾兰
Yucca gloriosa

常绿灌木，有巨大醒目的尖刺状多肉叶片和高挺的乳白色花序。可用作大型盆栽植物，或种在花境中支撑起空间结构。喜全日照。H 1.8m，S 1.5m，Z7。

马蹄莲
Zantedeschia aethiopica

宿根植物，喜欢在池塘的湿泥中生长，闪亮的绿色叶片是白色佛焰花苞的完美衬底。H 1m，S 45cm，Z8。

秋季

杂交银莲花"奥诺·季伯特"
Anemone × hybrida 'Honorine Jobert'

宿根植物，有裂叶片形成饱满的丛簇，从中伸出的花茎上开有白色圆形花朵。适应全日照和半阴环境，喜腐殖质丰富的土壤。H 1.5m，S 60cm，Z5。

白木紫菀
Aster divaricatus

常绿宿根植物，白色星形花朵带有黄色花心，开在深暗的细丝花茎上，朝前开出一片喷雾状花序。适应光照和半阴环境，喜湿润土壤。H 60cm，S 60cm，Z4。

小白菊
Leucanthemella serotina (syn. *Chrysanthemum uliginosum*)

宿根植物，直立向上的茎杆上开有大量白色雏菊形花朵，花朵会追随太阳偏转花头方向。需要阳光充足的环境。H 2.1m，S 60cm，Z4。

1. 芍药'内穆尔公爵夫人'

2. 月季'冰山'

3. 东方罂粟'黑与白'　　　　　　　　　　**右图**：雪滴花。

果实

白果类叶升麻
Actaea alba (syn. *A. pachypoda*)

灌木，蓬松的花朵结出奇特的白色果实（有毒性），长在健壮的红色茎杆上。需要荫蔽环境和湿润的泥炭质土壤。H 90cm，S 50cm，Z4。

克什米尔花楸
Sorbus cashmiriana

乔木，羽状复叶在秋天变色，叶片凋落后，硕大的白色果实呈垂吊的簇状出现在枝头。适应光照和半阴环境。H 9m，S 9m，Z5。

白雪果
Symphoricarpos albus

灌木，秋天有多肉的白色果实呈分散的簇状结在叶腋处伸出的细茎上。适应光照和半阴环境。H 1.2m，S 90cm，Z4。

冬季

欧石楠'春林之白'
Erica carnea 'Springwood White'

常绿亚灌木，优秀的地被植物。微小的白色管状花朵形成花簇覆盖整个植株，花期最长可达6个月，经冬历春。适应石灰质土壤和一定程度的荫蔽。H 30cm，S 45cm，Z5。

雪滴花属
Galanthus

球根花卉，需要半阴环境和湿润土壤，喜凉爽环境。可以迅速扩繁。

优秀的园艺品种包括：雪滴花，白色花朵由3片向外张开的花瓣组成，H 15cm，S 8cm，Z3；重瓣雪滴花，花朵内侧有许多白色花瓣，其上有绿色斑迹，H 15cm，S 8cm，

Z3；大花雪滴花，有宽阔的灰绿色叶片，内侧的花瓣上有绿色斑迹，H 20cm，S 20cm，Z4。

白花铁筷子（黑嚏根草）
Helleborus niger

常绿宿根植物，花朵呈垂头状，花瓣外侧常常带有一抹淡淡的粉色，革质叶片呈深绿色。需要半阴环境和常保湿润的土壤。H 30cm，S 30cm，Z4。

杂交金银花'冬日美人'
Lonicera × purpusii 'Winter Beauty'

落叶灌木，深色的小叶片在夏天形成密实的丛簇，在冬天则开有甜美芳香的奶油色花朵。适应光照和半阴环境。H 1.5m，S 1.5m，Z5。

地中海荚蒾
Viburnum tinus

常绿灌木，深绿色叶片长在红色调茎杆上，从粉色花苞中开出的白色花朵可以整个冬天持续绽放。另有园艺变种'伊芙·普莱斯'，花量更大，花苞的粉色调更浓郁，耐受半阴环境，但花朵在光照下开得更好。二者均为 H 3m，S 3m，Z8。

枝干

悬钩子属
Rubus

灌木，适合冬天观赏。属内优秀的园艺植物有：粉枝莓，嶙峋的枝条长在健实多刺的茎杆上，枝条上开有白色花朵，在叶片凋落后完全显现出来，H 1.8m，S 1.8m，Z6；华中悬钩子，长长的拱垂枝条

上开有灰白色花朵，在冬季非常显眼，H 2.4m，S 3.7m，Z6。二者均需要全日照环境。

糙皮桦'雅克蒙蒂'
Betula utilis var. *jacquemontii*

优雅美丽的落叶乔木，白亮的鳞剥状树皮使人眼前一亮，枝条也是纯白色的。需要阳光充足的环境和湿润土壤。H 18m，S 9m，Z6。

1. 悬钩子'贝内登'

2. 克什米尔花楸

3. 裂叶罂粟

4. 糙皮桦'雅克蒙蒂'

5. 马蹄莲

6. 白花铁筷子'陶轮'

和谐色搭配

把"相近"的色彩放在一起能够产生和谐关系，正如色轮上那些位置相邻的色相。如果基于蓝色构建和谐关系，可以选择与它相近的紫色和紫红色。如果基于红色构建和谐关系，则可以选择橙色和黄色。除此之外的和谐关系多基于粉色，因为它是自然界花朵色彩分布最广泛的颜色。虽然粉色没有出现在色轮上，但它能解析成"红色稍加蓝色或黄色后经白色稀释"所得的色彩。当我们要基于某种粉色构建和谐搭配时，可以根据它未被白色冲淡前的色相在色轮上定位，从而找到与之相配的色彩。

白色和灰色在构建和谐搭配时并不"主动"，因为它们是"惰性"色彩，即不会与周边颜色发生色彩关系。换言之，白色和灰色也可以与任何色彩进行搭配，它们的映衬作用可以使组合里某部分植物色彩看起来更加明亮。

"色温一致"在和谐关系中很重要。当色彩组合以蓝色或蓝紫色为主导时，整体搭配将呈现"冷"的倾向，也会显得柔和、平静。相反，当组合以红色和橙色为主导时，这种和谐关系呈现的是"炽热"和"旺盛"的情绪，与"轻松感"相去甚远。前面描述的是两个极端的例子，更多的冷色调、暖色调可以和谐搭配处在中间值。比如粉色——包含蓝色基因的冷粉色、冷色调的蓝色和紫色能形成和谐关系，而有着黄色基因的暖粉色与暖色调众色彩的搭配更佳。

当组合中的所有植物色彩都维持在相同的明暗度时，就形成了另一维度的和谐感——明暗和谐。我们知道常绿植物的叶片通常是暗调的，如果把深绿色的冬青叶与深蓝色的飞燕草，还有深红色的月季搭配在一起，将营造出十分深沉、忧郁的氛围，这就是"明暗和谐"的作用。与之相反，银灰色叶片搭配浅粉色和浅蓝色的花朵，能形成光辉闪耀的振奋感，亦是"明暗和谐"在发挥作用。需要注意的是，银色叶片不但比一般绿叶明度更高，也更偏"冷"一些（因为绿色中含有"温暖元素"——黄色，而银色中没有）。所以，尽管银色叶片在色相上属于中性，但当你用它替换掉组合里的绿色叶片时，整体感觉会变得稍"冷"一些。

左图：在笔者花园的一角，粉－紫色系的楼斗菜与细茎葱组合在一起，构成和谐的色彩。这个种植设计看起来随性，但事实上楼斗菜已经历了好几代筛选，其花色愈发严谨地控制在现在的色彩范围内。

与蓝色的和谐搭配

　　冷静的蓝色，还有带有蓝色倾向的色彩，当它们作为和谐搭配的主导色彩时，组合将呈现精巧又不张扬的气质。这种冷静的和谐感营造出的氛围是悠然的，甚至带有一丝冥想的意境。我们可以尝试将蓝色、蓝紫色，还有透着浅蓝色调的白色花朵组合在一起，再往里面播撒冷粉色或淡黄色的花朵作为点缀。绿叶是中性的，其冷暖调性由周边环境决定，因此若要塑造"冷静"的和谐色搭配最好选择银绿色或蓝绿色的叶片，比如某些品种的玉簪、荷包牡丹和鸢尾。

　　蓝色、蓝紫色和银色能产生"后退"的错觉——它们看上去比实际距离更远。利用这一点，我们把冷色调植物种在花境后方，再把看着"显近"的暖色调植物种在前方，整个花境就会显得更有纵深。同理，如果想让花园看上去更大一点，就把大量冷色和谐组合布置在空间的边界上。

下图：柳兰的白色花和猫薄荷的蓝色花在日落后依然清晰可辨。柳兰花朵凋谢后会结出毛茸茸的种子，但这些种子是不育的（柳兰靠地下茎扩张繁殖），所以不必担心外来的柳兰种子，尤其是普通的粉花品种，落在花园里生根发芽，破坏色彩结构。猫薄荷的花朵一出现凋萎迹象就要整齐地把花茎剪除，这样它们能在晚些时候再开一波。

阴暗的氛围会使冷色调色彩感更强，相反在阳光下它们会向暖色偏转，蓝色看着像紫色，紫色看着像粉色。为了呈现最好的色彩效果，还是把冷色色彩组合设置在阴暗处为宜。相同的原理也可以解释，为什么在傍晚渐蓝、渐暗的天光里冷色系色彩比暖色系色彩留存的时间更久。所以，把冷色调色彩植物组合种在傍晚常待的花园角落会是很好的选择。

须谨记一点：花园里的色彩关系总在变化。一处种植组合在这周呈现的是冷色调，到下周可能就变成暖色调了——盖因冷蓝色与暖粉色花朵此消彼长。所以我们要了解花园里每种植物的确切开花时间，才能把握好色彩在植物盛衰间的微妙变化。

硬质景观的色彩同样需要重视：墙体、园路、门板和构筑物的漆面……它们都会对花园里的色彩和谐产生影响。有时给园门简单地上遍漆就足以使它同周边植物建立起美妙、和谐的色彩关系。

还有一个点子值得推广，尤其适用于小花园——把冷色系的植物种在花盆里形成盆栽组合，如此便能得到异常突出且集中的色彩，而这种效果是很难通过地栽种植达到的。

下左图：涂刷了蓝色油漆之后，这扇门板从有碍观瞻之物摇身一变成为冷调和谐色组合的一部分。这个组合还包括地面上开着蓝紫色花的堇菜、正对着门的深绿色桂叶瑞香、门左侧的醉蝶花、左下角极浅粉色的杂交银莲花，以及高大的开着白花的花烟草。

下右图：一些天生娇弱的植物和异域舶来植物在花境里时刻处于残酷的竞争之中。为了解决这个问题，可以像图中这样把它们单独种在花盆里，这些植物营造出冷色调的和谐配色，与背后花境的色彩是一致的。种植细节详见第230页图。

上图：这是开在初夏的一片蓝紫色花境，紫红色的圆头花葱支撑在刺芹的枝叶上，刺芹的花也是球形的但颜色和圆头花葱的不一样，是蓝色的。在这个组合里还有粉色的罂粟花、宿根福禄考'黄昏'、宿根福禄考'弗兰兹·舒伯特'，以及总花猫薄荷，它们与圆头花葱和刺芹一起组成了这个色彩浓郁又和谐的花境。

左图：形如小羽毛球般的法国薰衣草，紫红色花朵呼应着细茎葱的色彩。它们背后是带有紫铜色调的茴香。

蓝色、紫色和紫红色

　　放心大胆地用紫色、紫红色、淡紫色与蓝色搭配，它们将组合出夏季最清爽怡人的色彩。在这类植物组合中，夏天开花的球根植物（例如某些观赏葱）有相当重要的戏份：从最深的紫色到淡紫色，进而到粉色、蓝色和白色，夏花球根几乎涵盖了所有适宜的色彩，植株高度亦是从几厘米到一米以上参差多样，能满足各种造型需要。把这些球根花卉种在宿根植物中间，后者能为前者提供生长时必要的支撑（这样就省去了人工打理）。球根的花朵即使干枯褪色了也依然坚挺直立，可以保持花境形态结构不变。宿根桂竹香是球根花卉很好的伴生者，它拥有蓝绿色叶片，并能从春季到秋季持续不断地开出大量紫红色花朵。羽衣甘蓝也能在这类色彩搭配里觅得一席之地，因为它的紫色叶脉可以呼应周边相同色彩的花朵。带紫铜色的茴香叶片可用作和谐的背景，其羽毛状虚化的形态还能令前方花朵产生浮雕般的效果——花色更加明亮，轮廓也更清晰。

下左图：这是一个为花展特别创作的花境作品，里面有2种观赏葱：较高的黑蒜开白色花，较矮的宽叶花葱开灰色花并有蓝绿色宽阔叶片。与它们种在一起的是桂竹香和欧亚香花芥，它们有着相似的花色。组合里还有一些喜阳植物：法国薰衣草、紫红鼠尾草和迷迭香，它们需要充足的阳光和排水良好的土壤，而现有的空间太过拥挤局促，不利于其生长。

下右图：花盆可以视为微型的抬升花床，高起的边缘刚好可为拖垂的枝蔓提供施展空间，正如图中的深紫色美女樱和花形较小的另一美女樱品种，它们与羽衣甘蓝、粉花蓝目菊种在一起，后者的花朵好似粉色的漩涡。盆栽的底层是夏雪草，它的银色叶片赋予组合冷静的气质。这些植物生长在一个个花盆里，就可以突破最小种植间距的藩篱，组合出很密集的色彩效果。维护上也相对简单，只须保证规律地浇水、施肥即可。

与粉色的和谐搭配

左图：种植这样大片的花境时，需要仔细斟酌其中每种色彩的形态和大小，才能塑造出兼具结构性、变化性和趣味性的场景。此例便是深思熟虑反复推敲的结果——从背景处稍加牵引的粉色攀缘月季，一直到前景里匍匐在砾石地面上的宝盖草和猫薄荷团簇，每一部分都很完美。粉色毛地黄作为纵向的色彩线条点缀在连绵起伏的色块中间，前景的钓钟柳在色彩和形态上都与它相互呼应。在钓钟柳身后，波斯葱巨大的球形花朵平衡着粉色的分量。剪秋罗在花境里反复涌现，其银灰枝叶营造出冷静的氛围，把所有植物色彩捏合在一起。种植细节详见第231页图。

粉色系色彩跨度大、品类繁多，很难一言概括出适用于所有粉色的搭配原则。通常来讲，粉色可以分为2类：冷粉色和暖粉色。花园中更常见到的是冷粉色，这种花色可以想象为深红色加白色稀释所得，且带有一丝蓝色的踪影。所以冷粉色与同样带有蓝色"基因"的色彩可以构成和谐关系，比如蓝色本身、紫色，以及白色。暖粉色的情况就不同了，它是朱红色或橙红色经白色冲淡后得到的色彩，有黄色成分存在。所以与暖粉色搭配和谐的色彩也是带有黄色"基因"的，例如黄绿色和杏色。

花朵粉色的程度常由花瓣上各部分的色彩叠加决定，站在稍远距离观察尤其明显。一些粉色花朵的花心是白色的，比如某些芍药、月季（如'芭蕾舞女'）、郁金香（如'天使'）。白色花心冲淡了粉色的浓度，使整体看来更明亮，也会与周边的白色花朵建立色彩联系。还有一些粉色花朵的花心是黄色的（例如岩蔷薇），这就使整体色彩向更暖的粉色靠拢。

第164页的图片和本页的图片展示的都是由冷粉色花卉主导的花境，它们与蓝色和紫色花朵非常舒服地搭配在一起。组合中还有白色植物的参与，它们呼应着粉色花朵中的白色成分，并使整体亮度得以提升。

右图：冷粉色松果菊与丁香色北美威灵仙，以及紫红色鼠尾草构成和谐搭配。圆头花葱和柳叶马鞭草点缀其间，为粉－紫色结构带来更多形态的变化。衬托它们的是柠檬绿色大戟、多种观赏草和一个个黄杨球。花境中还布置着一个方形水槽，由锈红色的钢板铸造，它也是花境色彩的组成之一。

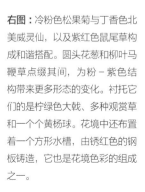

粉色和白色

　　粉色和白色很容易形成和谐的搭配。某些品种的月季和芍药拥有极浅的粉色，白色花朵与之搭配时可以突显其柔美，从远处看，浅粉色与白色更会融为一体。在大范围下需要小心这种配色，因为有可能导致整体太过"甜腻"。为了营造更爽利、干脆的视觉效果，可以改用较深暗的粉色与白色搭配，明暗度的反差能避免它们含糊不清。虽然白色花朵在色相上是惰性的，不与粉色产生色彩关系，但在明暗度上它们是当仁不让的焦点，也会让整体更明亮、更轻盈。

　　全年都有可实现粉－白组合的植物素材。肇始于早春的白色雪滴花和深粉色仙客来，紧接着是烂漫的樱花和郁金香花带，之后这组色彩在初夏迎来爆发：月季、毛地黄、芍药……各种形态的粉色和白色花朵盛开，形成灿烂无比的篇章。

左上图：垂头的深粉色小花仙客来与重瓣雪滴花是完美的搭档，它们几乎同时在早春开放，高度也大致相同。在适宜的环境里（例如落叶乔木脚下）它们会自然地扩散，交织成粉白相间的花毯。也可以人为地给雪滴花分株并散播仙客来种子加速这一自然过程。在图中还能看到托氏番红花的花苞，它不需要人工干预就能扩展成自然的状态。

左下图：白色毛地黄是纵向的重音，分布在芍药横向层层叠叠起伏的粉色花瓣中。

右图：白花角堇生长在粉花灌木月季的下方。娇嫩的宿根植物高地黄带有黄色的花心，呼应着旁边暖粉色的双距花。

上图：粉色传统月季'玛丽·罗斯'和浅粉色月季'格鲁斯亚琛'在中间，后面是高挺的毛地黄，前方是低伏的美国石竹。石竹的颜色从樱桃色延伸到白底红点，形成粉－白色彩结构。月季、毛地黄和石竹组成的整体花境亦是如此。

粉色、蓝色和紫色

园艺师可用的花卉素材在夏季最为丰富，这个季节也是芳香植物最活跃的时间，热量有助香气散播。在此基础上，蓝色、紫色与低饱和度的粉色构成的冷色调花境将是盛夏热浪里一味清凉的解暑方剂。当这些色彩在狭长的花园空间里反复出现时，还可以营造出平静、舒缓的韵律感。

下图：猫薄荷'六巨山'以固定的间距分布在廊架下的小路上，一丛丛蓝紫色和白色的角堇点缀其中。廊架外的飞燕草带有相似的蓝色，在这里它将得到更多光照。不同品种的月季和铁线莲给廊架披上了粉色的外衣，每一种粉色的浓淡深浅都不相同，却能和蓝色、紫色一起形成极富韵律的和谐感。种植细节详见第231页图。

上图： 一年生波斯菊的花色从深粉到浅粉再到白色，与它们混植在一起的是自播繁殖的蓝紫色风铃草和花期超长的角堇。这些植物一起组合出夏日清凉的色彩。

下左图： 深粉色毛地黄的花中心是浅粉色，与攀缘月季形成完美的搭配，后者的粉色花朵由中心向外逐渐变淡。攀附在月季枝叶上的是铁线莲'海浪'，它的蓝紫色花朵与毛地黄、月季的粉色搭配和谐。

下右图： 这组精妙的搭配实为无心插柳的偶得，颜色交混的美国石竹在播种时并不能预见其色彩，罂粟在何处自播繁殖更无法设计出来。在这里，它们与蓝紫色的山麓钓钟柳和银叶蒿萍水相逢，留下一季美妙的华彩。

当明暗度相近时，两种色相的色彩关系最为强烈——深粉色和蓝色即是如此。鲜艳的粉色时常被认为是暖色，但实际上它里面包含着很强烈的蓝色成分，毫无疑问属于冷粉色的范畴。

1. 晚春时节，杜鹃贴地枝头上的深粉色花朵与地面层的蓝铃花交织在一起。

2. 宿根桂竹香的花期长于它的蓝色搭档——勿忘我，后者的花期从晚春开始，到初夏就基本结束了。为了延续这个色彩组合，可以补种一年生加州蓝铃花与桂竹香继续搭档。

3. 图中这两种花卉都在夏末到达盛开的巅峰。天使钓竿精致优雅的深粉色花朵在微风中摇曳，映照着身旁铃花百子莲的蓝色光彩。

4. 天蓝牛舌草的花朵有着异常浓郁的蓝色调，使它与同样浓郁的粉色法国蔷薇琴瑟和鸣。蔷薇的粉色中蓝色元素占有相当大的比例，但花蕊却是黄色的。黄色调印染在花瓣上，使这里的粉色比本页其他粉色花朵都要"暖"。

5. 匍匐的波旦风铃草穿梭在玫红色的血红老鹳草中间，交织成一幅浓墨重彩的画面。

6. 这个羽扇豆的花朵上有蓝色和粉色两种色彩，与羽毛蓟的粉色花朵相得益彰。

浓烈的粉色和蓝色

　　形容明丽浓艳的粉色时我们会用到"热情洋溢"这个词，它同时也是"大胆""果决"的，如洋红色一样强势。毫无疑问蓝色是浓烈粉色最好的搭档，因为它可以引出后者骨子里的蓝色倾向。

　　如果这对浓郁的色彩组合很合你的胃口，那么从春季到秋季都有合适的植物素材供你选择。最开始是春天的球根／球茎植物，例如深粉色仙客来与蓝色西伯利亚海葱。随后可以用银莲花和杜鹃延续浓烈的粉色，在其边缘种下蓝铃花作搭配。待到夏天来临，深粉色的选角可以是月季和老鹳草，蓝色一方亦有众多宿根花卉作候选——飞燕草、牛舌草、风铃草等。在纵向上，可以选择深粉色和蓝紫色的大花铁线莲搭配种在墙面和栅栏上。在水边，深粉色的千屈菜和蓝色的梭鱼草亦能呈现和谐的色彩。入秋以后，可用鲜艳的粉红色菊科花卉，例如美国紫菀，搭配深蓝色的晚花乌头，将深粉色与蓝色的组合延续下来。

下图：在蓝铃花和白色林地银莲花组成的林地花境中加入深粉色银莲花很值得尝试。许多春天开花的球根和宿根植物都原生自林地环境，早春时大树的叶片尚未长出，从枝丫间透过的阳光赐予这些花朵宝贵的能量，待到它们度过花期进入休眠状态，茂密的树叶又变成了遮阳伞，保护它们不被夏季强烈的日照灼干。

洋红色、紫红色和褐红色

　　洋红色、紫红色、褐红色——花园里最深的植物色彩中定然包含这三种。它们都衍生自深红色，也或多或少都带有蓝色成分。对于某些植物而言，蓝色只是蜻蜓点水的一抹（例如马其顿川续断）；而在另一些植物身上，蓝色则是无出其右的主导（例如紫色鼠尾草）。还有些植物有着近乎黑色的叶片，如紫叶罗勒，也包含红色的成分，但因其蜡质反光的叶面倒映了天空的蓝色，红色成分被弱化了，结果呈现在人们眼前的是深紫色的色块和墨黑色的阴影。大面积使用深色花朵搭配深色叶片并不是很好的主意，它们会制造出极大的压抑感。但在小范围上（例如盆栽组合），这些浓郁色彩的和谐组合力道遒劲，能直击心灵深处。

上图：林荫鼠尾草在阴影中是紫色的，在阳光下又是洋红色的。它与其他几种宿根花卉密集地种在一起，其中包括马其顿川续断、猫薄荷和2种钓钟柳。

右上图：红陶花盆里种着酒红色矮牵牛和紫叶罗勒，它们的色彩呼应着地面上2种老鹳草的洋红色花朵——匍匐在前的是杂交老鹳草，挺立在后的是血红老鹳草。

右下图：在这个色彩层层递进的小花境里，月季'威廉·罗伯'的花朵呈栗色，为了呼应它的色彩，园艺师专门选择了羽扇豆与其搭配。下方的美国石竹选用了色调最深的黑叶品种，其形成的花带把羽扇豆和月季联系在一起，引向蓝紫色的林荫鼠尾草。

银灰色和淡粉色

淡粉色花朵与银灰色叶片（或带有银色斑纹的叶片）会同时构成2个维度的和谐。一是明暗度和谐，因为它们都相当"浅"；二是饱和度和谐，淡粉色是经大量白色稀释的不饱和色彩，银灰色亦然。这两个维度的和谐使银灰色与淡粉色的组合看起来相当轻松惬意。

营造如此微妙的和谐感着实需要一双慧眼。银色叶是最佳选择，如果没有，可选择带浅色斑纹的叶片，越浅越好。粉色和银色是天生的好搭档。一些粉色花朵在银色叶片的衬托下会呈现金属般的光泽，正如美女樱'安妮的银器'，它集这两种色彩于一身：银绿色的叶片、淡粉色的花朵。

为了支撑这么"柔顺"的色彩，我们还需要增加结构的"强音"。强烈的竖直线条是很好的补充——例如反复出现的毛蕊花或一棵棵醒目的刺蓟。如果追求更持久的效果，不妨在花境里放置几组方尖碑支架，让白花香豌豆或白花铁线莲攀爬其上——这些竖直元素都能让"银灰色 + 淡粉色"花境更添稳固感。

右图： 几株浅杏色毛地黄和一棵大翅蓟给这个由银色、白色和粉色组成的花境带来纵向视觉元素。前景里树蒿和银香菊营造出的"提亮"效果经由花叶海桐和花叶芒的斑纹叶片得以加固。月季的花色也控制在白色和淡粉色之间。花境里最强烈的色彩是细茎葱的紫红色，它呼应着砖路旁的海石竹。种植细节详见第232页图。

下图：两种灌木月季和柴叶蔷薇为这片辽阔的花境支撑起空间结构，白色毛蕊花是这片向阳花境的主角。灰蒿和剪秋罗的银色叶片使整体亮度得以提升，花境里的植物也因它们的反复出现而串联在一起。种植细节详见第232页图。

右图：孤挺花是一种在初秋开放的球根花卉。在图中这个阳光充足的花境里，它的淡粉色呼应着前景处的美女樱'安妮的银器'——这是一种非常娇嫩的宿根植物，因此被种在花盆里。与它相邻的花盆里种着另一种深粉色美女樱和银叶麦秆菊。木茼蒿和花烟草的白色花朵起着"提亮"的作用。在它们后面是月季'芭蕾舞女'。它正处在花期的间歇，特有的迷人粉色使整体色彩如虎添翼。

与红色的和谐搭配

　　当花园里的红色、橙色和黄色聚集在一起时将呈现火光跃舞般的情境。作为最明亮、最强烈的3种色彩，它们在色轮上位置毗邻，因此搭配起来相当和谐——但这种和谐感与冷调和谐色大相径庭，它引发的情绪远非"悠然闲适"而是"活力四射"。暖色调和谐组合激发着每个成员拼尽全力"唱出最嘹亮的歌声"。由于力量太大，炽烈的色彩会侵蚀掉旁边较柔和的颜色，所以最好把它们隔开分置于花园中。还可以用绿篱或墙体把一片暖色花境围起来，使其效果突出、集中，特别是当人们行走在花园小路上与它不期而遇时，出乎意料而来的震惊尤为强烈。

　　叶片在暖色系种植里扮演着重要的角色。一些深暗的紫红叶植物（例如紫叶小檗、紫叶黄栌、紫叶榛、槭树等）会把整体明度压低，从而平息暖色花朵咄咄逼人的气焰。但要牢记的是，这些紫红色叶片终究是暗调的，太多暗调色彩会让整个花园显得阴沉、忧郁，所以在其中混入些黄绿色叶片可以提亮整体效果，使其平衡在恰当的位置，例如带有黄色调的观赏草和竹类植物都是不错的选择。

　　暖色花境最美的时刻恰在日升、日落：低垂的太阳送来温暖和煦的光线，沐浴在暖光里的暖色植物分外妖娆。同理，当炽热逝去，太阳复归到较低的天空位置，彼时的光照环境成为最适宜暖色花朵发挥的舞台——可以试着把颜色炽烈的大丽花、火炬花和雄黄兰与金黄色的一枝黄花和金光菊混种在一起，塑造出绚烂如火的画境，并完美地融入秋天汹涌斑斓的自然色调中。

右图：图中一簇簇明黄色的色块是金光菊、鬼针草和宿根向日葵，它们点亮了场景，使花境免于在深红色花朵和叶片制造的阴郁感中沉沦。整个种植设计非常巧妙：猩红色的大丽花和六倍利集中在相对较小的组块里，而明黄色花朵则更加松散、更加广阔地分布在整个花境范围。这些暖色花卉都是喜阳的，但不巧的是在每天清晨和傍晚总有树荫笼罩于斯。园艺师希望花朵们可以长高一些，这样就能抓住朝阳和夕晖了，于是通过抬升和支撑使其成为现实，这个工作完成得相当隐蔽以至于我们看不到一丝杆子或支架的踪影。种植细节详见第233页图。

红褐色和黄色

　　暮春时节许多宿根植物生发出带有铜黄色泽的新叶，与此同时，渐盛的阳光照耀着树木肉桂色的枝干。随着夏天的到来，每天的夕阳余晖更使整个花园沐浴在一片温暖的黄色光晕中——凭借这些天然的色彩结构，我们可以把植物颜色限定在黄色、橙色、红色和锈棕色的范围内，制造出温暖人心的和谐搭配。

　　红叶灌木、紫叶灌木在初夏尤其迷人：红叶李、紫叶李、红叶小檗、紫叶小檗、红叶槭、紫叶黄栌……初夏的阳光透过它们的红紫叶片映出半透明的糖浆色泽。在这些深色叶片的衬托下，明黄色和橙色花朵更显娇媚，例如灯台报春和桂竹香。黄绿色调的叶片在这个场景里也很受用，比如金叶缬草、金叶小白菊或黄绿色观赏草，它们可以呼应组合里的黄色花朵（例如金莲花和委陵菜）。

下图：落日余晖为这条溪边小径染色。温暖的柔光照耀着黄色花朵，那是掌叶橐吾、猴面花和高挺的灯台报春。玉簪和红盖鳞毛蕨的叶片经过夕阳的打磨呈现出金属质感的抛光感。在路的尽头，鸡爪槭和红叶李的树顶笼盖着铜黄色的光晕。种植细节详见第234页图。

上左图：有髯鸢尾和毛蕊花构成非常巧妙的和谐色彩。

上右图：圆苞大戟的锈棕色花茎分散在黄色猪牙花中间。处理如此紧密的伴生关系时，要留意其中长势较快的一方（在这里是大戟）不要把另一方包围住。通过适当间苗可以有效解决这个问题。

下图：清晨的阳光为这片和谐的春日花境营造出柔美统一的氛围。红褐色和黄色是色彩结构的主体——带有赭石色叶片和橙色花朵的大戟、锈橙色桂竹香、黄色金莲花，还有远景里的黄色杜鹃花。金叶小白菊作为地被植物填补着地面上的空隙。种植细节详见第234页图。

对比色搭配

　　花园中的色彩对比能令人精神一振。当它们成对出现时，彼此的色相都有所加强。根据预期效果的强弱程度，可以选择多种对比策略——若要强烈鲜明的对比感，可选择高饱和度的色彩并辅以剧烈的明暗差异；若要更温和精妙的对比感，就选择相对不饱和的色彩，明暗差异也要控制在一定范围内。

　　色轮上正好呈180度相对的互补色（红－绿，蓝－橙，黄－紫）所构成的对比感最强烈。替换成它们的衍生色调，对比关系就会相对缓和，例如绛红色与灰绿色，浅蓝色与杏色，奶油黄色与淡紫色。一般来讲，在实际运用中最好保持对比关系"简单化"——一个区域只呈现一种色彩对比。太多对比色同时出现容易造成混乱，使人目眩神昏。

　　明暗调的对比也是常用手段。例如用深色的欧洲红豆杉绿篱作背景衬托白色和银色植物，使后者更显明亮轻盈。在本页展示的这座花园里，前景处淡粉色的月季和鸢尾与后方深暗的紫叶李树篱制造了最显著的明暗差异，除此之外，灰绿色的白蒿、银香菊与深红色的紫叶小檗、紫叶海桐并置一处，构成了较柔和的次一级明暗对比。

　　色温在对比关系中亦有重要作用。特别是色轮上位置相近的色彩，如果"一冷一热"，引发的对比感尤为强烈，例如火热的橙色与冷淡的粉色放在一起就会制造出尖锐的对比效果。有意识地运用这种对比，将其纳入到更大、更舒缓的色彩框架内，可以塑造引人注目的"片段"。色温对比还有一种较柔和的用法——利用它突出色相的差异。还是本页的这座花园，红色的衍生色调（粉色和紫红色）在较"冷"的灰绿色映衬之下显得格外温暖。

右图：色相对比、明暗对比和色温对比在这处精妙的种植设计里均有体现。紫叶小檗团簇和紫叶李树篱呈现不饱和的深红色，与银香菊、白蒿和绵毛水苏的银灰色叶片形成反差（后者是绿色的不饱和色相）。这里面的红色植物较"暗"且色温较"暖"，相对地，银灰色植物更"亮"也更"冷"。种植细节详见第235页图。

红色和绿色

　　红色与绿色构成的色彩对比可谓最强烈的对比之一，不仅因为色相互补，更因相似的明暗度加剧了色相的差异。在花园中，红色花朵时刻处在与绿叶衬底的对比之中——全红色花境的戏剧性效果即来源于此。这也是开红花的攀缘植物（如旱金莲）若生长在绿叶灌木或绿篱中间会格外引人注目的原因。

　　春季的亮绿色叶片（如黄杨绿篱）会把鲜红色郁金香映衬得分外娇媚，但秋天才是红绿对比大显身手的好时机。冬青、火棘、平枝栒子……它们的果实随着成熟日益变红，与同一枝头的常绿叶片两相对应。槭树等落叶树的红色秋叶此刻也与针叶树的绿色调形成对比——我们可以巧借这个自然现象，在花园常绿树木的身旁种下秋季叶色变红的植物，这样每到秋季都会有红绿对比的好戏上演。还可以在同一面墙上混植常春藤和爬山虎，它们在夏季浑然一体，入秋之后，染红的爬山虎脱颖而出，常绿的常春藤衬得它更加鲜艳夺目。

下左图：为了让秋色效果维持得更久，可以选择将变色时间不同步的爬藤植物种在一起。例如本图中的葡萄叶先一步变红，在五叶地锦的绿叶衬托下格外醒目。而此刻五叶地锦的变色过程才刚刚开始。

下右图：红陶花盆里种有天竺葵、小花美女樱和矮牵牛，同为鲜红色的花朵搭配在一起。花朵的颜色、陶盆的颜色和背景砖墙的颜色彼此联系。同时，红花绿叶的对比与砖墙上的红－黑图案交相辉映。

槭树与常绿树间植使秋色更显浓烈。图中夹在2棵不同品种鸡爪槭之间的日本五针松便是佳例。此外，秋天的草坪格外引人注目，不仅因为在秋天温和湿润气候的滋养下，草长得更茂盛，更因彼时周围环境的色调与之形成鲜明对比。

第184页
上左图：春天伊始，给紫叶黄栌施以
重剪，这样它的新生叶片更大，也更
贴近地面，可与地面层的银叶蒿形成
完美的搭配。

上中图：叶片略带斑纹的日本小檗直
立向上，伸展进垂枝柳叶梨下垂的银
色枝叶里。柳叶梨需要适时修剪以免
盖住日本小檗。

上右图：加拿大紫荆是最优秀的紫叶
小乔木树种之一。在这里，它与灰绿
色的背景形成对比，那是银叶蒿和矮
蒲苇。更强烈的对比来自前景处柳叶
向日葵的吊状绿色叶片。

下图：夏日里，一片不饱和红、绿植
物组成对比搭配。处在前排呈深酒红
色的植物有黑叶美国石竹、金鱼草、
紫叶甜菜和红叶山菠菜。它们呼应着
画面右后方的紫叶小檗。花境里的粉
色块来自月季'粉色永存'、红缬草、
草莓毛地黄和双距花。绿色的组成是
从最左边的蚊子草直至最右边的斑叶
玄参。

暗红色和灰绿色

降低饱和度，得到红色和绿色的不饱和色相，具有这类色彩的花
朵、叶片组合在一起可以营造出更柔和的对比感。当红色变得深暗（即
深红色）或浅淡（即粉色），色彩强度随之降低，红绿对比效果也相应
地减弱，例如，朱红色与绿色。为保持协调，也要降低绿色的强度。
灰绿色或银绿色的植物是很好的选择。

深红色叶片和灰绿色叶片的搭配非常漂亮。如前所述，它们分别
是红绿互补色的不饱和色相，而且明暗差异同样显著。某些品种的紫
叶黄栌和紫叶李色调非常深，在与银绿色叶片的搭配中近乎黑色。

粉色花朵是这对叶色组合的绝配。因为粉色是介于紫红色和银灰
色之间的颜色——在调色盘里混合这两种颜料就会得到具有金属光泽
的粉色，这很像那些表面反光的粉色花朵，例如美女樱、双距花，还
有某些月季品种，它们都能与银色叶片完美搭配。

下图：雷克斯海棠带有紫红和粉红色调的硕大叶片占据了石头花盆的中心位置，2种
白三叶草与它相伴：叶片颜色较深的四叶品种和叶片颜色较浅且有白色边缘的品种。
花盆外还有吊竹梅、水苏和顶着毛茸茸花朵的兔尾草。这个丰富的植物组合可作为小
范围不饱和红绿对比搭配的范例。

橙色和蓝色

橙色是园艺师的调色盘里最具活力的色彩之一，它在互补色蓝色的衬托下更显浓烈。橙-蓝对比不是给胆怯的人准备的，它们会给花境注入一股喧闹的奔放感，夺人眼球。如果担心对比太过强烈，不妨试另一种较为柔和的设计：把橙色植物分散在大片蓝色植物中间，让星星点点的橙色激发出蓝色衬底的活力。在春天可以用橙色桂竹香悬跨在勿忘我的蓝色小花之上，或用橙色郁金香在蓝紫叶匍匐筋骨草中挺立而出。到了夏天，一棵棵相对独立的橙色百合花点植在大片蓝色花丛中间，无论是宿根的乌头或飞燕草，还是一年生的蓝蓟或彩苞鼠尾草，点点橙色都能让这些蓝色花朵焕发生机，在互补对比中更显浓郁。但是如果颠倒橙、蓝两色的比例——少量蓝色点缀在大片橙色中，效果就不尽如人意了，大量橙色花朵制造出强烈的视觉冲击，很容易就把星散的蓝色小花淹没掉了。

右图：这个充满戏剧性的花园场景由美洲茶主导。通过牵引固定，它在后墙上伸展开一片蓝紫色的背景，同时呼应着前面小石砖园路的色调。园路两侧的亮橙色桂竹香使画面鲜活起来，它们引导着视线聚焦于中央一棵澳洲朱蕉上。朱蕉的脚下是紫红色桂竹香和娇嫩的蓝目菊。它们都种在一个铸铁容器里，那是由烘焙用的面团搅拌容器改造成的。紧靠墙体种植美洲茶是很明智的做法，这样它在冬天就有了遮风保护。

下图：橙色岩蔷薇的植株形成了一丛灌木小丘，淡蓝紫色的垂吊风铃草穿梭其间。这两种植物都喜光照，适宜排水良好的土壤，并且能在台地花园的岩石缝隙中茁壮生长。

下左图：2种堇菜与1株奥地利婆婆纳为这个橙色系花境镶上了蓝紫色的边缘，橙色花朵围绕着石头水钵展开，包括春黄菊、旋覆花、颜色较深的橙黄细毛菊，以及水杨梅'火欧泊'和山地路边青'橙色王子'，还有出现在画面最前方的重瓣威尔士罂粟。这里面只有春黄菊可以在整个夏天周期性持续开花，其他植物的花期则相对较短。针对这一点，我们可以往里面添种一年生草花使观赏期延长：橙色的补充可以是花菱草、万寿菊和旱金莲，至于蓝色，黑种草、蓝蓟和蓝花鼠尾草都是上佳之选。

下右图：春天，花形优雅的橙色郁金香和橙色桂竹香从紫叶匍匐筋骨草的花丛中窜出。

上图：湖北百合长长的花茎支撑着橙色花朵，横亘在大片一年生蓝色彩苞鼠尾草的头顶上。前者的色彩源自包裹着花朵的苞片，可以维持很长时间。与大多数百合不同，湖北百合喜好碱性土壤，而且它的存在会让土壤碱性越来越强。

橙色和蓝绿色

若要缓和橙－蓝互补色的强烈对比，可以改用其中一方或两者的不饱和色相。许多植物的绿色叶片上都有一丝蓝色调（例如某些薹草和百合），它们足以与橙色花朵构成柔和的对比。在右页的植物搭配中，设计师仔细地拿捏着各个色块的形态和大小。大面积铺展的蓝绿色百合叶片衬托着鲜艳的橙色桂竹香，使画面保持平衡。大戟的橙色花朵较为疏离，故适合用广袤的花带予以呈现；而在远景的中央，郁金香密集的团簇使其鲜艳的色彩化作锐利的一击。

至于橙色的不饱和色相，新西兰麻和朱蕉的古铜色叶片是很好的选择，还有棕橙色的树皮，例如血皮槭和草莓树，它们与蓝色花朵同样是相得益彰的好搭档。

下图：在这个花朵与蔬菜混植的花境里，甘蓝带着紫色筋脉的蓝色叶片十分惹眼。其他蓝色成分来自矮牵牛和补血草。豪猪番茄叶片上的橙色突刺呼应着法国万寿菊的色彩，它们提升了蓝色的效果，使之更加浓郁，也点亮了整个空间。

下图：这是一组很适合全光照环境的种植搭配。不仅因为其中的桂竹香、鸢尾和蓍草能在充足光照下旺盛生长，更因为橙、红、黄这些暖色调在阳光下显得尤其明媚。短短几周后这个场景将发生巨变：此刻呈现在鸢尾和蓍草叶片上的鲜活蓝绿色届时会被它们盛开的花朵夺去光彩，一同绽放的还有花色炽烈的百合、萱草和大丽花。种植细节详见第236页图。

黄色威尔士罂粟和黄花茶藨子紫色鸢尾的身旁自播繁衍，形成了每年的变化，浅色初生的新叶呼应着黄色的主题，阳光透过稀疏的枝条，照射在鸢尾身上，这正是鸢尾此刻最需要的。稍远处似乎有我泛蓝的荒原让它们变得更加遥远，星星点点的银白色是西西里蜜蒜，它们马上就要绽放出一朵朵淡紫色的花，而背景里的石楠属已经吹响了盛开的号角。

黄色和紫色

兼具色相和明度的巨大差异使黄－紫对比格外强烈。自然界中有许多花卉同时具有这两种色彩，鸢尾和堇菜尤甚。在这对互补色中，由于紫色较低的明度，黄色会被衬得格外明亮。这就会导致一个现象——黄色明显压制住了紫色，如本页右下图报春花和紫罗兰的组合所示。因为黄色更耀眼也更温暖，冷静克制的紫色在较量中完全处于下风。为了保持色彩平衡，我们需要调节比例，让紫罗兰的比重远大于报春花。

基于黄－紫对比的植物组合极具吸引力，而且在全年大部分时间里都有合适的植物素材可供挑选。尤其在春天，无处不在的黄色调洋溢在盛放的花朵和树木新生的嫩叶之间。早春里黄色的番红花、洋水仙与紫色的鸢尾、希腊银莲花组成了黄－紫对比的第一道阵线。在它们之上的灌木层，连翘、蜡瓣花和金雀花迸发出的黄色、黄绿色是对比搭配的另一部分。春天晚些时候，植物选择面扩大，黄色的郁金香、帝王贝母和黄绿色大戟陆续加入进来，与紫色的高山铁线莲相映生辉。在阳光更充足的位置，还可以引入黄花九轮草与紫花芥的组合。到了夏天，有髯鸢尾的粉墨登场带来了更多选择。它本身就有许多黄色系和紫色系品种，可以单用它们组成对比，也可以选用其中的紫品种搭配黄色威尔士罂粟和黄花荙葱。

下左图： 花叶香根鸢尾叶片上的浅黄色条纹把人们的视线引向下方的紫色希腊银莲花。园艺师任由它们在斑驳的阴影里自由扩散。这个兼顾水平和竖直方向的早春花卉组合到了夏天会面临一定的风险——鸢尾喜全光照而银莲花需要荫蔽。如果顾及银莲花的习性，鸢尾在阴影里可能开不出花，但即便如此，其出色的叶片效果也值得我们为它留下一席之地。

下右图： 报春花与紫罗兰是天然的早春组合，它们在野外也经常成对出现。尽管这两种花卉都易于打理，但和春花球根一样，放任它们自由散播的效果最佳。

下左图：这个规则式花坛里密植着一年生花卉，广袤且花期持久。暖紫色的美女樱和浅黄色金鱼草构成了其中的色彩对比。金叶红豆杉修剪成的鸟形植物雕塑更为场景增添了一抹锐利的黄色调，雕塑底部的直角边缘也呼应了花坛边黄杨绿篱的造型。

下右图：傍晚的阳光改变了浅紫色和浅黄色的色相，使浅紫色偏"粉"，浅黄色更"黄"。图片中金链花投下的一片阴影笼罩着细茎葱。细茎葱的圆圆花头呼应着球形的黄杨，后者的边缘被一缕斜阳"点燃"，闪耀着金色的光芒，恰与头顶上金链花的色彩呼应。同时被夕阳"点燃"的还有远处轻柔的奶油色线条，那是大穗杯花长长的花序。圆叶玉簪所在的位置早些时候有斑驳的光影洒下，现在它静静地卧在浓郁的阴影中，泛着蓝色的残影。

黄色和暖紫色

　　紫色由红色和蓝色结合而成，若其中红色的比重更大，就可称之为"暖紫色"。从最淡的浅粉色到最浓的紫红色都可归为暖紫色，它们与黄色的搭配十分怡人，尤其当两者都是浅色调时——浅黄色或奶油色搭配轻柔的紫色（例如紫藤、丁香、薰衣草和醉鱼草），效果格外温润。这种色彩组合在夏季将演绎得淋漓尽致：由悬垂的金莲花和淡紫色观赏葱拉开帷幕，直至淡紫色米迦勒雏菊和浅黄色大丽花收尾。值得一提的是，黄色和暖紫色的对比在大范围"花海"中非常适用（主要由一年生草花组成，部分娇弱的宿根植物也作一年生植物用）。

下图：这个由黄－蓝对比色主导的复杂花境将在长达六周的夏日时光里持续绽放绚烂的光彩。黄色部分包括：鲜艳明亮的黄排草、堆心菊、万寿菊、毛蕊花、月见草和荷包蛋花（拥有白色花瓣和黄色花心，故名）。柔和的黄色调还体现在花烟草和羽衣草的柠绿色上。蓝色部分包括飞燕草和猫薄荷，另有蓝紫色的一年蓬和藿香蓟占据靠前的位置。这是一个很费工夫的花境，因为要时刻关注宿根植物之间出现的空隙，用一年生草花及时填补上。另外，组合中层层递进的高度关系也要悉心维持，必要时还需要打桩做支撑。种植细节详见第235页图。

黄色和蓝色

　　虽然黄色与蓝色在色轮上并非180度相对，但它们形成的色彩对比同样强烈而且广受欢迎。两者并置时彼此色相加强堪比互补色，还能让人联想到"光明"与"阴暗"的意象。在对比组合中，黄色显得明亮又惹人瞩目，蓝色则相对暗淡、低调许多。

　　黄色和蓝色在自然界中均有广泛分布，得益于此，我们可以在各个季节、各个植物组合中选择合适的花朵、叶片创造黄－蓝对比。例如在春天用黄色的洋水仙和郁金香搭配蓝色的海葱、雪光花和勿忘我。夏天来临后，黄色的月季、鲁冰花和毛蕊花陆续加入队伍，蓝色的阵营里也增添了飞燕草、猫薄荷和鼠尾草。伴随秋天的到来，淡黄色的金光菊、黄山梅与晚花乌头、蓝花紫菀登上对比的舞台。即使在冬天，散发着幽蓝色调的雪松、蓝杉与金叶常绿植物的搭配也能使黄－蓝对比主题持续下去。

右图：这是一组相当成功的种植搭配，盛开于夏末。深蓝色的百子莲与黄色火炬花无论在色相上，还是明暗度上都形成了鲜明的对比。

下图：初夏的这处植物组合中，淡蓝色婆婆纳与明黄色多榔菊相搭配。婆婆纳（约45cm 高）通常布置在花境的最边缘。在这里园艺师却打破惯例，把更高的多榔菊种在婆婆纳前面。这样一来多榔菊细长的花茎变成了"景框"，把后面较矮的花丛显露出来。

柠绿色和蓝色

　　大戟花朵苞片上锐利又略带"酸溜溜"的黄绿色在其他植物的叶片上也有体现，这种颜色与青柠檬的颜色很像，故名柠绿色。这种色彩在春季和初夏屡见不鲜，因为彼时大量乔灌木新发的嫩叶上都带有一点黄色调，与绿叶底色结合即形成柠绿色。虽然秋天的叶片也携带黄色调，但不似柠绿色这般闪耀着鲜活的生机。春天用蓝花球根植物（例如风信子、海葱和葡萄风信子）点缀在树木新叶和大戟之间，衬得柠绿色中的黄色因子愈发明显。到了夏天，开蓝色花的牛舌草、风铃草、飞燕草和黑种草可以很好地搭配众多"金叶"植物，比如金叶枫、金叶洋槐和金叶皂角等。与此同时，还有欧洲红豆杉、山梅花和风箱果的黄绿色叶品种可以充当良好的背景，增添了柠绿色的氛围。

左图：花园主人别出心裁地把长椅涂成蓝色，使它在常绿大戟的柠绿色花丛中显得卓尔不凡，同时响应了旁边勿忘我的花色。图中的灰绿色是毛蕊花的叶片。毛蕊花会在夏季开出竖直的黄色花序，继续与蓝色长椅呈现黄－蓝对比。

另有一个大胆的办法：给花园构筑物和户外家具涂上蓝色漆面，这样就能与柠绿色植物形成更强烈的对比。漆成深蓝色的金属凉亭、拱廊和木格栅与攀爬其上的金叶常春藤和金叶蛇麻搭配完美。雕花金属大门刷作深蓝色后，配合着门柱旁的大戟和黄绿色观赏草，营造出愉悦的氛围，仿佛在邀请门外的宾客进入。作为一种不事声张却舒适怡人的色彩，蓝色能赋予众多户外家具相同的气质。

下左图：许多大戟品种都有灿烂持久的色彩。在图中，生长缓慢的多色大戟与心叶牛舌草星星点点的蓝色小花完美地伴生。

下右图：黑种草靠种子自播开出点点蓝色小花，穿梭在金叶蛇麻的藤蔓之间。与它们相伴的还有新西兰麻的细长叶带和花叶扶芳藤绿白相间的斑纹叶。金叶蛇麻虽然好看，却是花园里臭名昭著的"暴徒"，因为长得太快一不留神就会把旁边的植物遮盖住了，所以要时刻留心它的长势。如果运用得当，将它沿着墙面、篱笆或栅栏单独种植，就能收获持续整个夏天的"一帘柠绿"。

鲜红色、粉色和橙色

　　令人震撼的色彩组合在绘画、时装和织品设计中屡见不鲜，在花园中却难得一遇，即使有也是寥若晨星，朱红色与冷粉色、洋红色与橙色正是这样的"凤毛麟角"。它们之间强烈的色彩关系能够制造出"撞击"般的效果。如同铙钹之声赋予交响乐以活力的震鸣，撞击般的色彩对比亦能让观者从昏昏欲睡的平淡氛围里惊起，情绪瞬间被推向高潮。

　　这两组色彩"撞击"都是在相近的色相和明暗度下发生的。拥有相同的色彩元素——红。这使它们拥有和谐的表象，但深层次下的冷暖对比——蕴藏在冷粉色中的冷调蓝元素与朱红色、橙色中的暖调黄元素——才是色彩关系的"幕后推手"。当面对这类花色组合时，既和谐又对比的色彩信息一下子就把眼睛迷惑住了，而且几乎没有叶片能够缓解这种色彩撞击，这令花色对比甚为纯粹。

　　这种色彩撞击带来的观感究竟是愉悦还是难耐，取决于所处环境和光照条件。在公园里为娱乐和游戏场地营造的激烈色彩容易博得好感，但出现在私家花园的静休角落就很不讨喜了。震撼的色彩对比在热带地区强烈的日照下尽显妍丽，移到温带地区柔和的阳光下就鲁莽失宜了。

　　此类色彩撞击用在单色系花境里常有奇效。可以尝试在红色系花境里加入粉或洋红色，其效果可谓惊人，还可以往粉色系花境里添进一抹震撼人心的鲜红色，粉色原有的冷静和甜腻感立即荡涤一空。通常来讲，这种色彩撞击最好作为"偶发事件"单独出现在植物组团中，为场景注入活力，还要尽量事先隐蔽，猝不及防地展现在人面前。于无声处听惊雷，邂逅惊艳的一击。

上图：藤本月季和旱金莲构成了热情洋溢的色彩搭配。

　　第198页每张图片都呈现了一种色彩撞击。4幅图合在一起的效果十分震撼。

1. 深粉色的竖直花序是千屈菜，与它相搭配的是一丛黄橙交驳的堆心菊。千屈菜生长在有积水的土壤中，而堆心菊喜爱排水良好的环境，所以要把后者种在略微抬高的土丘上。

2. 杜鹃花自身即能制造强烈的色彩冲击，与其他花卉组合起来更不在话下。在这里与它"搭戏"的是野生蓝铃花——除了色彩对比外，蓝铃花还能提供中性的绿色叶片，这在晚春显得弥足珍贵。

3. 2种一年生美女樱的组合：鲜红色的'尼罗'，粉色的'埃及艳后'。它们的色彩效果可以在夏季维持很长时间。如果改用宿根品种，可以选择红色的'劳伦斯·约翰斯顿'和粉色的'圣保罗'。

4. 这是一组春季花境，橙色重瓣郁金香和红色雏菊营造出鲜明的色彩冲击。

秋色碰撞

从夏到秋，随着树叶变色、果实成熟，精心调配的花园色彩在自然巨手的翻覆之间变幻了容颜。鲜艳的红色果实，绚丽的橙色和黄色叶片，秋水仙、仙客来等深粉色秋季花卉，将成为花园某些区域的主导色彩（尽管它们在之前可能完全是另一副模样）。一些意料之外的惊艳组合就这样被创造出来了。

这些色彩可能相当震撼，但人们还是会欣然接受，哪怕他们平时更爱柔和色调。大概由于我们在公园和郊野中感受到了秋天的色彩，也会乐于在自己的花园里发现季相更迭的留踪。亦或许，因秋天低垂的太阳投下一片暖黄色柔光，使花园万物沐浴其中，原本强烈的色彩对比也变得温柔了。

下左图：红陶花盆中，鲜红和洋红两种花色的矮牵牛组合延续了自然界的激荡秋色。其中洋红色矮牵牛是最新培育出来的萨菲尼亚杂交品种，颜色鲜艳，花量巨大，而且易于牵引。

下右图：意大利魔芋的鲜红色果实与深粉色秋水仙形成浓郁的色彩组合。

第200页

上图：秋天盛开的常春藤叶仙客来和波斯铁木掉落的鲜红叶片在不经意间构成了绝妙的搭配。同样，我们还可以把仙客来种在枫树和佛塞纪木的脚下——它们纷落的秋叶也是红黄色调的。

右图：羽毛枫、金叶女贞、圆苞大戟和紫叶黄栌不但构成了这个花境的空间结构，还会在秋天迸发出炫目的色彩，与深粉色的米迦勒雏菊、花期极长的紫红色天芥菜，以及紫色鼠尾草一同营造出耳目一新的色彩对比。在秋天柔和的日光下，原本强烈的色彩对比好似蒙上了一层舒缓平和的滤镜。

黑色和白色

深色调植物和浅色调植物搭配在一起就能产生明暗度的对比。理论上，最大的对比效果应是由黑与白构成，但在自然界很难找到纯粹的黑色或白色植物。通常所讲的"黑色"花朵和叶片实际上属于深红或深紫色相，与纯正的黑色比起来要浅一些。而自然界中的"白色"花朵中往往带有一丝绿色元素，花心部分也通常是别种色彩，这都使"白色"花朵整体看起来比纯粹的白色要深一点。

将这些近乎黑、白的色彩相搭配，形成的明暗对比是非常悦目的。大概因为它们摆脱了纷繁色彩的桎梏，展现出清晰的秩序感和庄重感。黑色与白色的植物组合在花园中显得洗练又引人注目，就像出席正式场合时穿的正装一样。

黑与白也是一对互补色，可以互相加强。黑色的存在使白色更"白"，反之亦然。基于此，我们可以把黑色郁金香种在银叶蒿或银叶蓟旁边，用郁金香深暗的花朵衬托银色叶片的明亮。另一种异曲同工的设计：让开白花的藤本植物（例如铁线莲和香豌豆）攀爬穿梭在紫叶黄栌、紫叶榛或紫叶小檗的灌丛上，使后者的深色叶片更显幽暗浓郁。

我们还可以将构筑物和户外家具巧妙地纳进黑－白色彩结构中来。比如用一面白墙为黑色蜀葵花作衬底，或是引导白花铁线莲爬上黑色铁栅栏。

下左图：白花香豌豆矗立在紫叶小檗的枝叶间，后者的深紫色叶片在白色花朵的衬托下显得愈发幽暗。

下右图：从后到前依次是斑叶毛茅草、紫三叶草、金心垂盘景天，以及晚花郁金香的椭圆形蒴果。它们在初夏时节呈现出鲜明的黑白对比。

第202页

上图：大花四照花的白色花朵与树林中黢黑的树干形成鲜明对比。带着黑色印渍的枕木化身为沿坡而上的阶梯。它的颜色呼应着树干的色彩，横向的铺展又平衡了树木粗重的纵向线条。紫叶小檗在前景处同样制造了大面积的暗调色块。

下图：紫色鼠尾草紫绿相间的叶片出现在植物组团的下方，与上方的郁金香'夜皇后'，以及刺苞菜蓟的灰绿色新叶一起，搭配出显著的明暗对比。

紫色、蓝色和白色

　　白色花朵是花园里色调最浅、最亮的植物素材，相反，紫色花朵是色调最深的。在植物组团中，白色花朵总能让周边的色彩看起来更深暗，这是因为我们的眼睛经过白色光的刺激后会在旁边生成一个类似阴影的幻象，处在这个幻象里的深色调就会更显阴郁。当我们看到一个有白色参与的色彩组合时，下意识中眼睛最先捕捉到的信息便是"强烈的明暗对比"。在这个刺激下，其他较细微的色彩关系都处于相对抑制的状态。

左图：夏末的紫色铁线莲繁花朵朵，盖住了白色大门左侧整个墙面。在它身前，紫色和白色矮牵牛制造出醒目的明暗对比。在这个色彩结构里还暗藏着一个隐蔽的呼应关系，前景处紫堇靠着种子自播见缝插针地立于干燥的石块缝隙中，黄色小花与背景处大门右侧墙面上金心常春藤的黄色斑纹产生联系。

除了戏剧化的明暗对比，白色出现在深色调中时还能产生"振奋精神"的作用。只需观看本页这些植物图片并用手盖住其中的白色花朵，就能体会这种效果——遮去白色后，深色花朵与深色叶片融在一起，紫色和绿色在一片昏暗中沉沦。移开手让白色花朵重现，顷刻间整个花境变亮了，也变得欢快起来，白色的高光成为万众瞩目的焦点。当然，我们可以改用蓝色或紫色的浅色调颜色营造整体更明快的搭配，例如浅紫色铁线莲和浅蓝色矮牵牛的组合，但是这样一来色彩感觉就完全不同了。新的搭配更和谐也更惬意，但失去了原有的力量感——横空出世的白色与浓郁纯正的蓝/紫色对撞出的色彩张力。

上左图：匍匐筋骨草是春天开花的地被植物，其深蓝紫色的花簇被铃兰的白色小花点亮。这两种植物都喜潮湿而且有侵略性，但长势刚好旗鼓相当，谁也压不住谁。

上右图：铁线莲恰与山梅花同时开放。铁线莲非常适合与花灌木相伴生，它能让灌木在花期过后仍有色彩延续。

下图：这个素材丰富的花境为盛夏时光奉上白色、紫色和蓝色的华彩交织。它由宿根植物、一年生植物和灌木三部分组成。宿根植物包括老鹳草、淡蓝紫色角堇、补血草和白花木茼蒿。一年生植物包括呈鲜艳蓝紫色的彩苞鼠尾草和深蓝色的大花飞燕草。灌木部分是长着灰绿色叶片的银香菊。打理这片花境需要高超的园艺技巧：你需要"轻描淡写"地"悉心落力"，让植物呈现出不事雕琢的自然状貌。

混合色搭配

一座花园被斑斓的色彩填满，无非出于下面两种情况：要么是经过了极其精巧复杂的设计，要么是完全不做规划任其自由发展。在第一种情况里，我们要像编排交响乐那样精心策划色彩的构成，比如在花境中按照色谱序列安排色彩分布，呈现彩虹般的效果。或选择另一种搭配技巧：用两组互成对比关系的和谐色相搭配。例如以黄色、奶油色和柠绿色作为第一组和谐色，蓝色、蓝紫色和冷粉色为第二组，两组间互成色彩对比。这个策略可以保证花境既有丰富的色彩又不会失控，还可以囊括极广的色彩范围（但并非全部，红色和橙色就不包括其中）。你还可以更大胆一点，在和谐色搭配里，故意加入一丝"错乱"的色彩——比如在柔和的紫色和粉色组合中乱入一抹鲜红色或明黄色——意料之外的惊喜使人兴趣盎然，但仍须拿捏好分寸。

在第二种情况里，做法迥然不同。"不干涉原则"（laissez-faire）被奉为圭臬，广泛地应用于乡村花园的营造。敞开怀抱欢迎所有色彩，来者不拒，多多益善，收获的效果常令人兴奋不已。即便如此，我们仍需要好好辩证思考一番。首先，这样丰沛激荡的色彩在小面积地块上表现出众，但运用到大面积种植中可能有些恼人，甚至会引起不安。其次，由于乡村花园与周边自然联系紧密，色彩斑斓的花园植物身后有同样自由随机的原野色彩做衬托，故能合宜，若平移到城市背景则可能是"南橘北枳"。城市里的花园往往被规则有序的建筑物环绕，在这里，有结构、有规则的配色设计效果更佳。比如对应背景建筑的色彩在花园里反复使用某一色块与之呼应。

左图： 在詹姆斯·希契莫夫（James Hitchmough）和奈杰尔·杜耐特（Nigel Dunnett）2012年为伦敦奥林匹克公园设计的这个一年生花境中，选用了同时开花的草花种子混合播撒，使特定时间里的色彩效果最大化。花境的成功在很大程度上要归因于色彩的严格把控：在整体橙-黄和谐色中星撒点点蓝色做对比。另一方面花境里种类繁多的植物也功不可没，它们非常形象地"模仿"了野生草甸上丰富斑斓的自然色彩。

蓝色、粉色和黄色

在和谐色搭配里插入一味对比色——这种配色方法需要胆大心细，但是收效甚佳，尤其是在大面积花园种植中。依此策略营造的色彩结构蕴含着巨大的能量，可以轻易掩盖住偶然出现的不协调色彩。

设计此类花境，先从蓝色植物入手（这是该设计的原点）。例如飞燕草和百子莲都是不错的选择，在布局上可让它们的组团反复涌现。接下来，用粉色植物、紫色植物与蓝色植物搭配，形成和谐关系。可以尝试观赏葱或羽扇豆，同样以反复出现的组团来布局。之后，蓝色再次作为黄－蓝对比关系中的基点，帮助我们选定一系列黄色系花朵和叶片与之相对应（例如蓍草和委陵菜）。下图这个双向花境里虽然没有黄色花朵，但黄绿色调的绿篱提供了黄色元素。这种色彩组合同时包含了和谐与对比，使整体效果舒服怡人的要点在于令对比关系集中在黄色和蓝色、紫色、淡紫色之间。不然，若存在强烈黄色与强烈粉色的对比便会产生极大的破坏力。

第208页图：飞燕草和老鹳草的反复涌现给这个双向花境带来了蓝色、淡紫色和粉色的和谐，花境里同时还存在黄色的对比感，那是高高挺立的大聚首花和唐松草，还有前排频出现的明黄色春黄菊。有些园艺师倾向于选择春黄菊'伯克斯顿'，它的黄色更浅。这样一来，与亮粉色老鹳草制造的色彩冲突就没那么尖锐了，但色彩组合的丰富感也会相应减弱。种植细节详见第237页图。

下图：在业已存在的金边冬青和金叶欧洲红豆杉绿篱之间打造花境着实是个极大的挑战。设计师巧妙地利用了这些黄绿色背景，选择蓝色和冷粉色花朵结合蓝绿色叶片构成和谐关系，用其中显著的蓝色倾向与绿篱的黄色元素形成对比，使整个场景充盈着张力。种植细节详见第237页图。

深粉色、蓝色、紫色和黄色

粉色、紫色、紫红色、灰蓝色——本节的3个种植组合便是沿着这样的脉络，运用月季、飞燕草、观赏葱和香豌豆搭配出和谐的色彩主体。在这个深暗冷峻的主体结构之下，还裹挟着浅黄色、柠绿色和奶油色的对比，作为第二层色彩结构。黄色元素蜻蜓点水般地衬托使主体结构里的蓝色和紫色元素更显娇艳。这些黄色调同时起到了提亮的效果，使整体看起来不致阴沉忧郁。

但要谨记不要在冷色结构中滥用黄色元素。大范围强烈的黄色会制造色彩冲突，还会导致较冷的色彩被狠狠打压，毫无还手之力。为了规避这个不利影响，我们要使用色彩浅淡、不饱和的黄色植物，例如某些品种的毛蕊花和木茼蒿。或者选择形态分散的黄色小花（比如莳萝）以消弭明黄色块的体量感。带有黄色斑纹的叶片也是很好的选择，它们可以"轻描淡写"地介入冷色结构。

下图：黄色的踪迹隐匿在花烟草和大戟的柠绿色里，混入蓝绿色、银色、粉色和洋红色组成的和谐结构中，带来柔和的对比感。唯有一丛深红色须苞石竹跳跃在顺滑的色彩过渡间。你还能在花丛中瞥见铜质花盆表面的斑斑锈迹，它的色彩与周边蓝绿色叶片形成美妙的联系。种植细节详见第238页图。

右上图：筛选香豌豆的花色，使之形成紫色和紫红色的混合，蔓延在这个散布着众多黄色小花的花境一隅。后者包括黄色蓍草、莳萝、奶油色春黄菊、西洋滨菊、黄色萱草和欧白芷。

右下图：浓艳的深粉色和蓝紫色分别是藤本月季'查尔斯的磨房'和飞燕草。与它们构成对比的黄色调来自于画面左侧的毛蕊花，还有花叶香根鸢尾叶片上柔和雅致的条纹。蓝色的高山刺芹和蓝粉色钓钟柳的形态有助于分散蓝紫色的密度。

这个振奋人心的场景出自设计师汤姆·斯图尔特－史密斯（Tom Stuart-Smith）之手。他在每个小区间里种植同一种色彩的郁金香，各个色块间的关系又是相当地轻松、惬意。若要借鉴这种设计效果，需要了解备种郁金香的开花时间，因为不同品类间的花期差异很大。

蓝色、紫色和红色、黄色

　　试着想象本节展示的这两个花园去掉红色和黄色花朵后的样子：依然是美丽的植物组合，展示着蓝色、紫色、淡紫色和白色的和谐，但失去了一种很重要的情绪——由红色和黄色制造的撩拨心弦的悸动，这份心灵的震颤能使你的精神免于因沉浸在和谐色彩里太久而过分松弛、安逸。

　　尽管如此，给和谐色彩添加对比关系时仍要谨慎、小心。在这里，对比色的组成方式与和谐色的组成方

式泾渭分明——具有和谐色彩的植物以相对密集的团簇种植，形成坚实的色块，各个色块又彼此紧密地嵌合在一起，或是与同样坚实的绿色块紧密连结。而红色和黄色的花朵就不同了，它们就像疏离分散的色点泼洒在花境之中，所形成的色彩对比也更似闪烁其辞的暗示，而非大张旗鼓的呐喊。正如第214页图的花境中，黄色威尔士罂粟、红花鼠尾草和深红色马其顿川续断爆发出的点点亮色闪耀在一片飘渺的蓝紫色氤氲里。

你需要拥有一双慧眼和丰富的知识，去寻找那些疏朗开散的鲜艳花朵。把它们星布在花境里，而非成团成簇地聚集，这样就能收获恰到好处的色彩对比，又无用力过猛之虞。

第214页图：这个自然式花园里所用的植物经过审慎挑选，最终形成了朦胧、轻柔的色彩氛围。在此基调上，另有星星点点的红、黄亮色，那是红花鼠尾草、马其顿川续断、威尔士罂粟和黄花荞葱。它们为花境注入了一丝辛烈，又没有打破整体的和谐。种植细节详见第239页图。

下图：蓝色、紫色和浅粉色在这个乡野花境里蜿蜒成一条舒缓、平静的"河流"，深红色芍药和明黄色威尔士罂粟则是摇曳在这河面上的"渔火"——静谧中更有生机闪烁。在这个自然式种植中，还可以加入楼斗菜和老鹳草，让它们自播繁衍，并将其中花色不合宜者拔除。种植细节详见第240页图。

绿色、黄色和粉色

在本节所示的种植搭配中，首先建立起来的是以绿色为衬底的粉 – 紫色彩结构，然后，随着黄色调的加入，明暗对比产生——这才是本配色的核心。正如下图这个自然式花境，紫叶山菠菜的深紫色叶片与随意草的淡黄色叶片、银香菊的奶油色小花形成一系列"明"与"暗"的反差，愉悦的律动感油然而生。这个花境里还有另一层明暗对比，由深绿色和灰绿色的叶片构成。在第217页布局更为规则的花园中，明暗对比更多地源自组成空间结构的植物枝叶（即黄绿色叶和深绿色叶的对比）。另外，如果我们像图里这样把黄杨修剪成球状或螺旋状，并选用形似穹窿的植物（比如景天），就能在自然光线下制造出光影过渡的效果。这种做法相当于第一组种植中深色叶和浅色叶的搭配，都是在主体明暗对比结构下营造的次一级对比。

下图： 几丛紫叶山菠菜穿梭在羽扇豆和花葵的粉色花朵中间。与之相对应的淡黄色调来自花叶福禄考、随意草和银香菊的小花。种植细节详见第240页图。

下图：光线打在石座上呈现美妙的明暗效果，为这个花园的色彩对比增加了新的维度。种植细节详见第239页图。

粉色、黄色和白色

　　粉－黄组合给人的感觉并不舒服，究其原因，是"冷热对比"的紧张感在作祟。但在自然界中这两种颜色的花朵又最为常见，我们难免会在搭配中同时用到这两种色彩。幸好这里有几种方法可以把它们之间的不协调感降至最低，甚至还能化腐朽为神奇。

　　如果使用的花朵属于高饱和度黄色，要尽量减少它的用量，使其比例远小于粉色花朵，否则黄色作为更强烈的一方将会压制粉色。另一种办法是改用黄色的浅淡不饱和色相，这样能有效地减轻它和粉色之间的紧张感。第三种办法是在粉色和黄色中间加入缓冲色调——白色、银色和绿色都"不辱使命"，能把"剑拔弩张"的两方拉开。尤其是银色叶片的表现极佳，因为单独看银色，无论与黄色还是粉色都能相辅相成。你还可以探索一些特别的花卉作为天然的缓冲素材，比如兼具白色花瓣和黄色花心的春黄菊。

第218页上图： 这个阳光充沛的夏日花境以众多粉色月季为主角：深桃红色的'基安蒂'、鲜粉色的'雷士特'，以及粉白相间的法国多色蔷薇。与它们相比，橙花糙苏在色量上远处下风，这样就避免了其高饱和度的鲜艳黄色与粉色产生强烈冲突。更有白色月季'伊冯·比尔'和白花毛地黄出现在中间，成功地将粉色和黄色分隔开。法国多色蔷薇花瓣上的白色斑纹也起到了相同的作用。

第218页下图： 苹果树篱和黄杨绿篱拥抱着一片芳醇丰饶的色彩，这是夏末的乡村花园一角。雄黄兰'金羊毛'的哑黄色花朵和琥珀色花蕾占据前排，背后是一年生波斯菊交织出的粉色、红色和白色。远处，红色钓钟柳'切斯特绯红'和橙色旱金莲与一片白色花卉伴生在一起，那是白色花烟草、白花风铃草和白色大丽花。更远处，粉红色金光菊混种在粉色和白色花烟草中间，其中还包括身姿高挺的白色林烟草。从整体看来，绿色叶片和白色花朵紧紧地包裹着黄色和粉色，有效地限制着它们的体量不致缭乱失控。

左图： 春黄菊的蛋黄色花心具有极高的饱和度，幸好有一圈白色花瓣作缓冲，使它可以与强烈的粉色和平共处。这里的粉色来自宿根香豌豆的花朵。此刻它正拥挤在一丛春黄菊中，却毫无色彩冲突的顾虑。

下图：这是同一个花境在不同时节的照片。下图是在初夏，观赏葱、牛心草、鸢尾和老鹳草组成蓝色和紫色的组合。在这个组合中穿梭摇曳的柠檬绿色来自金叶蛇麻、金叶洋槐和金叶山梅花。种植细节详见第236页图。第221页图来到了夏末，铁线莲'蓝珍珠'接过接力棒，铺展开蓝紫色的背景，继续映衬着前面的金叶洋槐和金叶山梅花。更近处是一片蓝紫色和深红色花朵的交织，那是一年生矢车菊和宿根马其顿川续断。

柠绿色和蓝色、紫色、深红色

　　紫色和黄色这对互补色之间的对比关系是园艺色彩搭配的主体之一。演化这个对比关系——分别以黄色和紫色为中心，可衍生出一组和谐色调（此法亦适用于其他互补色）。例如以紫色为中心衍生出蓝色、紫色和深红色的植物组合，另一方以黄色为基点衍生出柠绿色叶片，再把2组植物色彩结合起来，成就了眼前这番鲜明的对比。

　　这个色彩组合可以从春天一直延续到夏天。拉开序幕的是球根花卉——黄色和紫色的郁金香，以及蓝色勿忘我。把它们种在宿根植物中间，旁边配以柠绿色叶片的灌木。这样当球根花卉衰败了，毗邻的宿根植物会迅速占据它们留下的位置。等到早花宿根植物（如牛舌草、老鹳草等）初现式微之态时，可再用一年生草花（如蓝色矢车菊、洋红色波斯菊等）填补修剪后露出的空隙。如此随着季节交替，植物组合的主导色彩也在发生着微妙的变化，这也正是这个跨越春夏的持久花境令人着迷之处。

红色、黄色和紫红色、奶油色

鲜艳的红色花朵在花园中异常突出，正如红色月季和罂粟花像飘摇的旗帜般吸引着我们的目光。如果想分散它们的吸引力，可以用同样强烈的黄色和橙色与红色形成"炽烈"的组合。还有一种更柔和的方式，如本节植物搭配所示：用红色作为和谐关系的基点，辅以其他暖调色彩的不饱和色相。不饱和的黄色调贯穿始终，藏匿在奶油色花朵和柠绿色叶片中。红色的不饱和色相也有参与，体现在暗红色/紫红色的叶片上。

所以，我们可以用不饱和红/黄色的花朵、叶片与鲜红色月季和罂粟搭配出和谐的效果。在这个组合里还包含着另一层色彩关系——淡黄色是非常浅的色彩，而红色和紫红色却是较深的色彩，它们之间的明暗对比非常有力。这份强烈的明暗对比隐藏在色相和谐背后，悄悄地分散了你对红色的注意力，使画面趋于平衡。

不论是有意为之还是灵光乍现，花园里所有精巧的色彩组合都建立在一种微妙的平衡感之上，既包括色相上饱和与不饱和的平衡，也包括明调与暗调的平衡。这个原则不仅是本节所讨论的配色方法之基石，也能广泛地应用于其他色彩组合。比如，我们可以把红色月季和罂粟替换成宝蓝色飞燕草，然后环伺以深紫红色和淡紫色寻求饱和度的平衡，再加入浅粉色和淡蓝色作明暗调节之用。

第222页图：深红色的F系月季品种'弗伦舍姆'反复出现又彼此分散，成为这个夏日花境瞩目的焦点。除它之外其余的部分被强烈的明暗对比主宰，一方是白色直立铁线莲、淡奶油色智利豚鼻花、柠绿色羽衣草和毛茸茸的白色假升麻，另一方是深紫红色叶片的纤毛珍珠菜和近乎黑色的美国石竹。原以为月季的红色调会让花境变得很"炽烈"，但组合里的奶油色花朵和银叶蒿让氛围冷静了下来。花境里还有白色的岷江百合、橙色的湖北百合，形似黄色小喇叭的避日花'黄喇叭'和避日花'非洲女王'，以及柠绿色叶片的红雪果。它们会把现有的植物色彩组合延续到初秋。

右图：深红色东方罂粟'美丽的利弗莫尔'从银扇草带有一抹紫色的角果丛中窜出，后者的色彩呼应着背后的紫色鼠尾草。这三种植物构成了不饱和的"蓝-红-紫红"和谐结构，与这个结构相对应的是一系列黄色衍生色调：背景里哑黄色枝叶的金叶亮绿忍冬、荷包蛋花、一绺绺金叶粟草和黄色桂竹香。它们不仅在色相上衬托紫色，其浅淡的调性亦与紫色形成明暗对比。

暗红色、奶油色和黄色

当我们把不饱和色调搭配起来时，形成的色彩关系无论是和谐还是对比都带着克制低调的风度。所以非常值得尝试一下专门用不饱和色调的花朵和叶片打造花境，偶尔在其中闪现一丝强烈色调的"高音"。这种策略下营造出的和谐或对比关系都很容易获得成功。

本节所展示的几个例子中都用到了红色，但这些红色的饱和度非常低以至有可能完全认不出来：郁金香'夜皇后'的红色元素在极为深暗的调性下更像紫红色甚至黑色。另一个例子中，鸢尾花包含着从深粉色到丁香色再到淡黄色的复合色彩，它们与红色的联系同样缥缈微弱。与红色不同，所有例子中的黄色元素都能很明显地分辨出来，尽管除了明黄色郁金香'西点'之外，其他植物的黄色调都是极不饱和的——桂竹香和羽扇豆的黄色里都有白色的稀释，报春花更是直接被冲淡为奶油色。还有一种不饱和体现在金叶洋槐的叶片上，黄色因绿色调的覆盖稍暗了下来，也因此添了一丝"酸酸的"质感，使它与深红色叶片的组合别有韵味。

使用不饱和的红色和黄色叶片时要记住：黄色通常是一个高明度色彩，会给花园带来提亮作用；红色则不然，即便像日本小檗'玫瑰光辉'带有粉色斑纹的叶片，在明暗度上也是较低的，会让花园显得深暗。因此如果已经使用了许多红叶乔灌木，不妨加入一些浅黄绿色或银灰色叶片让画面亮起来。

第225页下左图： 2种晚春开花的郁金香（黄色的百合花形郁金香'西点'和近乎黑色的郁金香'夜皇后'）给花境带来强烈的明暗对比，即使在阴天也很鲜明。事实上这两种郁金香和与它们伴生的浅黄色桂竹香所处的位置是这个花园里非常荫蔽的一隅，阴影促使它们长得更高以获取更多光照。这种做法在对待一年生草花和球根花卉时是行得通的，反正一年生植物在花期过后就会被拔除，球根花卉在来年也可以移植到更合适的位置，但是给宿根植物和灌木确定栽种位置时必须充分满足它们的光照需求，才能确保其旺盛生长。注意观察花境背后的木围栏，已经覆上了一层深绿色的斑渍，花境因此有了幽深暗哑的背景，试想下若还是原木的棕栗色将会多么突兀。

第225页下右图： 初夏，树羽扇豆的花序散发着浅黄色的光芒，呼应着身前鸢尾花朵上的一抹黄色痕迹。鸢尾花上另有冷调的粉紫色，又与老鹳草'约翰逊蓝'形成和谐的配色。树羽扇豆和鸢尾的叶片都是灰绿色的，为整体组合平添了几分纤柔。在养护过程中要时刻关注树羽扇豆的长势并予以适宜的修剪，以免遮住鸢尾和老鹳草，这两种植物都需要一定光照。

右图：这里展示了一组彩叶植物间微妙的色彩平衡：黄绿色的金叶洋槐、带粉色斑纹的日本小檗‘玫瑰光辉’和灰绿色叶片的橙花糙苏。图片呈现的是初秋的景象，而在夏天时，更有糙苏的明黄色花朵为组合点亮高光。

冬日色调

　　很多园艺师喜欢把花园的冬天留给大自然装点。如果所在的地区冬日冰雪不息，似乎也没有别的选择。但如果在较温暖的地带，是可以为冬天的花园设计色彩的。除了最实用的常绿植物外，还有一些色彩素材待你开发：某些树木色彩鲜艳的枝干，冬花灌木稀疏但浓香的花朵，地被层上还有菟葵和早花番红花于此时盛开。可以在大面积常绿草类植物中突显鲜红和洁白的枝条（例如红瑞木和悬钩子）以制造惊人的效果。如果没有这么大的场地，或是不倾向为冬天做特别的设计，花园的色彩在这个季节会更多地被自然因素主导。请在秋天抑制住清理枯枝败叶的冲动，留着这些大大小小的棕色、灰色和深绿色块（它们都曾是夏日花境里五彩斑斓的存在），待到冬日的霜雪降临时，把它们银装素裹成一件件银色、冰白色和蓝绿色的艺术品。

第226页上图：冬日的冰霜仿佛给花园镀上了一层银粉，盖住下面暗褐色的枯朽草木。若想看到这番美景，在秋天时不要修剪那些业已衰败的植物，保留它们的形态结构。但这也意味着来年春天的修剪工作要增加了。

第226页下图：在牛津郡罗夏姆园（Rousham）这座带有围墙的花园里，白霜把光秃的枝丫变成了精美的纹饰，还突显了花园的空间结构——拱门、园路和远处大树的轮廓都被清晰地勾勒出来了。

右图：这是第212～213页的花园在冬天时的景色。此时黄杨绿篱间已经没有了郁金香，形状和轮廓更加突出。在一层银粉般的霜雪覆盖下，花园的色彩徘徊在棕色和橄榄绿之间，素雅且克制。

绘本图例

下列绘图展示了书中重点案例的植物组成。

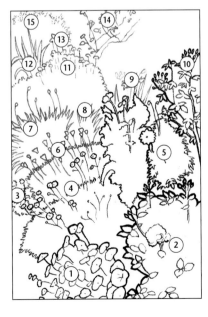

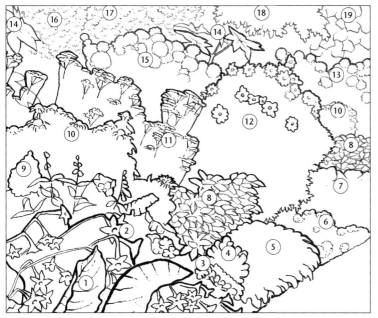

◀ 第58～59页图

①红叶甜菜

②花烟草

③天竺葵'布特领主'

④黑法师

⑤甜菜

⑥美女樱'劳伦斯·约翰森'

⑦球根秋海棠

⑧血苋

⑨红花钓钟柳'斯科恩赫兹里'

⑩美国薄荷'佩里夫人'

⑪紫景天

⑫大丽花'兰达夫主教'

⑬大丽花'红布莱斯顿'

⑭蓖麻'卡门'

⑮大丽花'停泊灯'

⑯黄栌'紫晕'

⑰杂交紫叶小檗

⑱紫叶榛

⑲红叶葡萄

▼ 第141页下图

①宿根福禄考'白舰'

②白花缬草

③心叶岩白菜

④白花苔地美女樱

⑤白花琉璃苣和滨菊'埃斯特·雷德'

⑥月季'普朗杰夫人'

⑦俄罗斯紫草

⑧心叶两节荠

⑨月季'卡里埃夫人'（叶片）

⑩白花飞燕草加拉哈德组

⑪月季'圣安妮的纪念'

⑫尼泊尔黄花木

⑬喀什米尔楸木

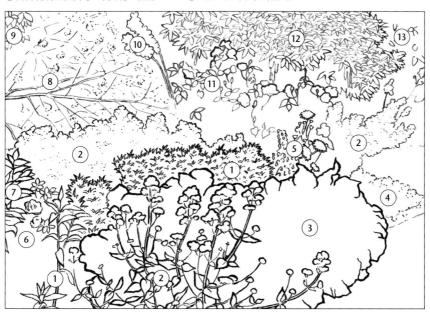

◀ 第114页左下图
① 毛地黄
② 金边柠檬百里香
③ 紫三叶草
④ 金叶粟草
⑤ 少花花葱
⑥ 金边锦熟黄杨
⑦ 白花桃叶风铃草
⑧ 朝雾草
⑨ 多色大戟
⑩ 狭叶薰衣草
⑪ 西北蒿
⑫ 血红老鹳草

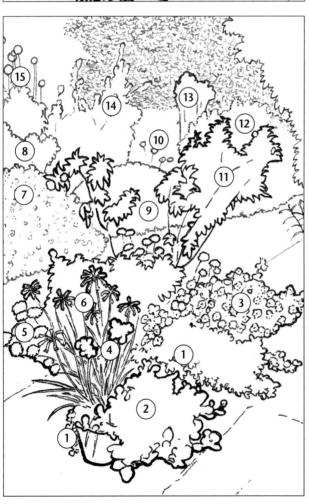

◀ 第161页下右图
① 银叶麦秆菊
② 滨紫草
③ 蓝花欧锦葵
④ 天芥菜'查茨沃斯'
⑤ 美女樱
⑥ 百子莲'午夜之蓝'
⑦ 黑种草'杰基尔小姐'
⑧ 草甸老鹳草'全蓝'
⑨ 老鹳草'蓝色约翰森'（叶片）
⑩ 罂粟
⑪ 蓝花茄
⑫ 草原鼠尾草
⑬ 香豌豆'诺埃尔·萨顿'
⑭ 飞燕草（太平洋杂交组）
⑮ 蓝刺头'泰普乐之蓝'

◀ 第164页图

①紫花野芝麻
②猫薄荷
③山矢车菊‘卡尼阿’
④石竹‘可爱彩虹’
⑤钓钟柳‘潘宁顿宝石’
⑥白花毛叶剪秋罗
⑦罂粟
⑧钓钟柳‘斯泰普福德宝石’
⑨紫花野芝麻
⑩钓钟柳‘加内特’
⑪小白菊
⑫白花毛地黄
⑬毛地黄
⑭毛地黄‘杏色萨顿’
⑮月季‘洋红’
⑯波斯葱
⑰月季‘粉色繁荣’
⑱月季‘菲利西亚’
⑲黄木香和俄罗斯藤
⑳月季‘弗朗索瓦·朱朗维尔’
㉑美洲茶（叶片）

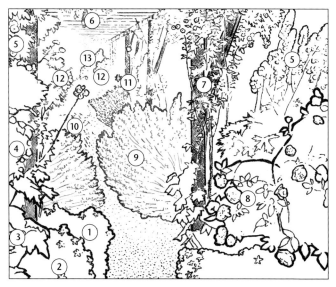

◀ 第168页图

①角堇
②白花角堇
③杂交银莲花（叶片）
④月季‘布勒拜尔指挥官’
⑤飞燕草（太平洋杂交组）
⑥攀缘月季‘维奥莱特’
⑦攀缘月季‘范恩巴劳’
⑧月季‘尚博得伯爵’
⑨猫薄荷‘六巨山’
⑩白花春黄菊
⑪铁线莲‘蜜蜂之恋’
⑫月季‘芭蕾舞女’
⑬月季‘潘妮洛普’

◀ **第174页图**

①月季'白米农'

②银香菊

③树蒿

④黑蒜

⑤月季'雪球'

⑥玉簪'法兰西'

⑦锦熟黄杨

⑧大翅蓟

⑨海石竹

⑩虾蟆花

⑪花叶芒

⑫杂交毛地黄

⑬羽衣草

⑭意大利麦秆菊

⑮银叶蒿'珀维斯城堡'

⑯细茎葱'紫色感觉'

⑰杂交飞燕草'卡萨布兰卡'（花苞）

⑱月季'冰山'

⑲唐松草

⑳金叶粟草

㉑白花欧亚香花芥

㉒斑叶早锦带花

㉓西洋接骨木

㉔攀缘月季'新曙光'

㉕银边桂樱

㉖花叶海桐'银皇后'

◀ **第175页下图**

①月季'小仙女'

②钓钟柳'苹果花'

③灰蒿

④光叶牛至'霍普利斯'

⑤碱蒿

⑥月季'娜塔莉·耐普斯女士'

⑦罂粟

⑧白花麝香锦葵

⑨白花毛蕊花

⑩紫叶蔷薇

⑪毛叶剪秋罗

⑫花葵'巴恩斯利'

⑬比拉得绣线菊

▲ 第176～177页图

①卷丹百合（叶片）
②金光菊
③无味金丝桃‘夏日金’
④红叶大车前
⑤旱金莲‘赫敏·格拉绍芙’
⑥火红萼距花
⑦萱草‘金钟’
⑧苔草
⑨雄黄兰‘东方之星’
⑩杂交蓝目菊‘焰火’
⑪六倍利‘维多利亚女王’
⑫大丽花‘拜德诺美人’
⑬旱金莲‘红丝绒’
⑭矾根‘紫色宫殿’
⑮鬼针草
⑯金边玉簪
⑰雄黄兰
⑱菲黄竹
⑲美国薄荷‘剑桥红’
⑳凤梨鼠尾草

㉑齿叶囊吾‘戴斯德蒙娜’
㉒锈毛旋覆花
㉓掌叶大黄
㉔六倍利‘黑暗十字军’
㉕红叶山菠菜
㉖堆心菊‘温德利’
㉗蓖麻‘吉布森’
㉘杂交六倍利
㉙大丽花‘阿拉伯之夜’
㉚雄黄兰‘火神’和
　‘汉密尔顿女士’
㉛紫叶欧洲山毛榉
㉜囊吾‘火箭’
㉝向日葵‘君主’
㉞华蟹甲
㉟紫叶小檗
㊱千瓣葵‘根特的胜利’
㊲大丽花‘兰达夫主教’
㊳杂交鱼鳔槐
㊴紫叶挪威槭

▲ 第178页图

①鳞毛蕨

②落新妇'新娘面纱'

③蹄盖蕨

④矮生紫草

⑤燕子花'雪堆'

⑥猴面花

⑦华蟹甲

⑧鸡爪槭

⑨金叶美国皂荚

⑩杜鹃'劳德瑞'

⑪掌叶橐吾

⑫假升麻

⑬金雀花'莉迪亚'

⑭金边扶芳藤

⑮七叶鬼灯檠

⑯铁角蕨

⑰钟花灯台报春

⑱红盖鳞毛蕨

⑲玉山竹

⑳玉簪'香铃'

▼ 第179页下图

①桂竹香'火焰之王'　　⑥岩蔷薇'火焰之王'　　⑪阿利昂桂竹香

②高加索芍药　　　　　⑦郁金香'阿拉丁'　　　⑫加州鸢尾

③金露梅'伊丽莎白'　　⑧鸢尾'彩绘玻璃'　　　⑬南方灌木忍冬

④岩蔷薇'汉菲尔德的辉煌'⑨圆苞大戟'迪科斯特'　⑭马丁大戟

⑤金叶小白菊　　　　　⑩鸢尾'麻鹬'　　　　　⑮金莲花'骄傲'

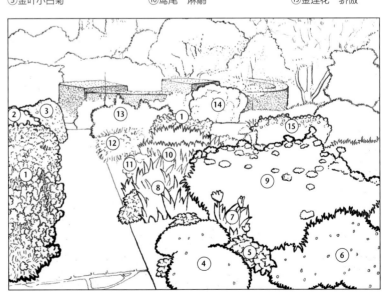

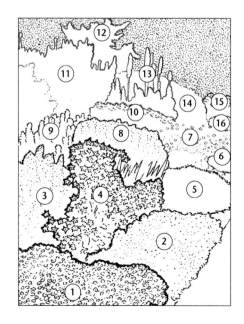

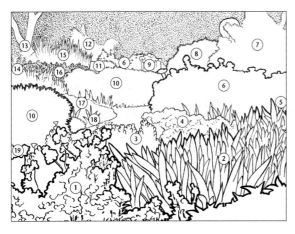

◀ 第188~189页图

①桂竹香'火焰之王'
②鸢尾'麻鹬'（叶片）
③厚墩菊
④阿利昂桂竹香
⑤郁金香'阿拉丁'
⑥圆苞大戟'迪科斯特'
⑦异味蔷薇（叶片）
⑧滇牡丹（叶片）
⑨郁金香'尤玛'
⑩薹草'月光'（叶片）

⑪黄花萱草（叶片）
⑫黄花金雀儿'沃明斯特'
⑬栾树
⑭百合
⑮拟鸢尾（叶片）
⑯桂竹香'血红'
⑰荷包蛋花
⑱鸢尾'彩绘玻璃'（叶片）
⑲金叶小白菊

▼ 第220~221页图

①欧洲红豆杉
②铁线莲'紫罗兰之星'（叶片）
③金叶常春藤'黄油杯'和
金心常春藤'波利亚斯科黄金'
④金叶红瑞木
⑤金叶洋槐
⑥金叶蛇麻
⑦罗森巴氏葱
⑧细茎葱'紫色感觉'

⑨金叶山梅花
⑩天蓝牛舌草'洛登保皇党'
⑪亚美尼亚老鹳草
⑫老鹳草'蓝色约翰森'
⑬银边诚实花
⑭桂竹香
⑮山麓钓钟柳'天堂蓝'（叶片）
⑯勿忘我
⑰角堇

⑱多色大戟
⑲西伯利亚鸢尾
⑳金心冬青
㉑灯台树
㉒常绿大戟
㉓华丽老鹳草
㉔金叶粟草和花叶莫罗式苔草

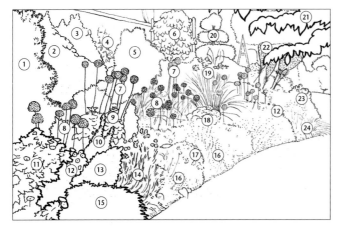

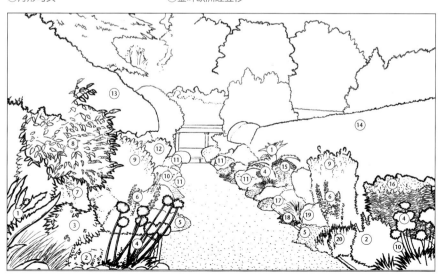

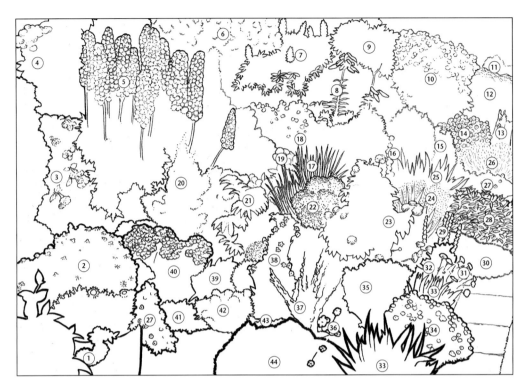

▲ 第210页图

①天芥菜'玛丽娜公主'
②木茼蒿'温哥华'和加纳利岛木茼蒿
③月季'洛瑞欧·德·巴尼夫人'
④月季'康丝坦斯·斯皮瑞'
⑤飞燕草'蓝玉'
⑥阔叶风铃草
⑦羽扇豆'贵族少女'
⑧岷江百合
⑨月季'五月皇后'
⑩亚美尼亚老鹳草
⑪羽衣草
⑫景天'秋欢'
⑬克氏钓钟柳
⑭堇菜'水星'
⑮短筒倒挂金钟

⑯阔裂风铃草'希德寇特紫晶'
⑰西伯利亚鸢尾'伊戈'
⑱紫红猴面花
⑲月季'潘妮洛普'
⑳偏翅唐松草
㉑蜜花
㉒波斯葱
㉓月季'布鲁塞尔市'
㉔新风轮菜
㉕鸢尾'简·菲利普斯'（叶片）
㉖粉蒲公英
㉗矮牵牛
㉘紫色鼠尾草
㉙希腊夏至草
㉚丛生福禄考'翡翠蓝垫'（叶片）

㉛石竹'瓦尔达·怀特'
㉜大丽花'诺迪山'（叶片）
㉝鸢尾（叶片）
㉞血红老鹳草'粉色庆典'
㉟地中海刺芹
㊱美女樱'西辛赫斯特'
㊲白花鼠尾草
㊳花烟草'柠绿'
㊴杂交六倍利
㊵美国石竹'耳目'
㊶波旦风铃草
㊷尼斯大戟
㊸堇菜'泛霜'
㊹朝雾草

▲ 第214～215页图

①月季'弗兰西斯·莱斯特'
②美吐根
③锦熟黄杨
④超级鼠尾草
⑤草原鼠尾草
⑥碱蒿
⑦绵毛水苏
⑧小白菊
⑨唐菖蒲'新娘'
⑩委陵菜'黄皇后'

⑪红花鼠尾草
⑫马其顿川续断
⑬岷江百合
⑭黄花葱葱和威尔士罂粟
⑮山麓钓钟柳
⑯毛地黄
⑰紫红柳穿鱼
⑱唐松草
⑲铁线莲'紫罗兰之星'
⑳太白南樱

㉑月季'金翅雀'
㉒飞燕草（太平洋杂交组）
㉓刺苞菜蓟
㉔草甸老鹳草'紫色的风'
㉕木茼蒿

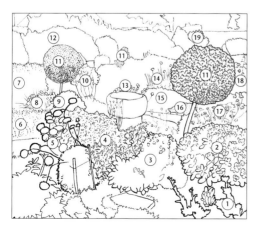

◀ 第217页图

①单花雪轮'紧凑'
②紫景天
③云南剪秋罗
④矮桃珍珠菜（叶片）
⑤除虫菊
⑥勿忘我
⑦直齿荆芥'粉红'
⑧虾夷葱
⑨棯葵'可爱'（叶片）
⑩重瓣星花楼斗菜

⑪锦熟黄杨'诺塔塔'
⑫金叶风箱果
⑬杂交海石竹
⑭罂粟
⑮岩蔷薇'艾米·巴林'
⑯金叶堪察加景天
⑰单瓣星花楼斗菜
⑱美丽楼斗菜
⑲金叶榛

▲ 第215页右图

①血红老鹳草

②耧斗菜

③大花荆芥'纪念安德烈·尚顿'（叶片）

④林地老鹳草'五月花'

⑤威尔士罂粟

⑥耧斗菜'翰梭蓝铃'

⑦红花重瓣芍药

⑧宽叶花葱

⑨银边诚实花

⑩林荫鼠尾草'东弗里斯兰'

⑪勿忘我

⑫花葱

⑬暗色老鹳草'莉莉·洛弗尔'

⑭细茎葱

⑮月季'威廉·罗伯'

⑯扁刺峨眉蔷薇

▼ 第216页图

①银香菊

②月季'巴斯之妻'（叶片）

③羽扇豆'腰带'

④紫叶山菠菜

⑤花葵'粉红'

⑥棯葵'玫瑰皇后'

⑦刺苞菜蓟'紫球'

⑧随意草'花球'

⑨粉花百合

⑩粉花多毛细叶芹（叶片）

⑪宿根福禄考'诺拉·利'

⑫暗色老鹳草（幼苗）

⑬圆头花葱

⑭大叶醉鱼草'南诺紫'

⑮白苞蒿

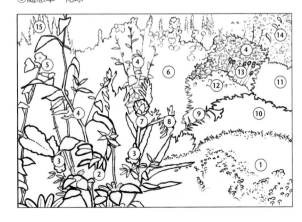